# Marketing

Prof. Dr. Regine Kalka
Dr. Andrea Mäßen

6. Auflage

HAUFE.

# Inhalt

# Vorwort

Ein Unternehmen, das sich erfolgreich am Markt durchsetzen will, kommt ohne eine Ausrichtung an den Bedürfnissen des Kunden kaum mehr aus. Zudem wird es gerade für mittlere und kleine Unternehmen zunehmend wichtiger, die Konkurrenz intensiv zu beobachten und zu beurteilen, neue Entwicklungen zu verfolgen, die eigenen Stärken und Schwächen einschätzen zu lernen, die richtige Kundengruppe anzusprechen oder auf Nischen zu bauen.

Marketing bietet Ihnen vielfältige Möglichkeiten, Ihre unternehmerischen Entscheidungen markt- und kundengerecht zu fällen. Die Maßnahmen, die Sie ergreifen können, reichen von der Produktpolitik über effektive Werbemaßnahmen bis hin zur sinnvollen Preisgestaltung.

Der vorliegende TaschenGuide klärt Sie nicht nur über die Grundlagen des Marketings auf, sondern beschreibt auch, wie Sie sinnvolle Marketingziele setzen, eine strategische Absatzplanung betreiben und mit dem richtigen Marketingmix Ihre Produkte und Leistungen erfolgreich auf den Markt bringen können. Zahlreiche Checklisten und Schritt-für-Schritt-Anleitungen erleichtern Ihnen das Vorgehen und zeigen auf, worauf es im Marketing wirklich ankommt.

*Regine Kalka und Andrea Mäßen*

# Warum marktorientiert und kundengerecht handeln?

Die meisten Märkte sind heute sogenannte Käufermärkte, in denen eine mehr oder weniger gleichrangige Auswahl von Produkten und Dienstleistungen zur Verfügung steht. Die Unternehmen legen ihre Aufmerksamkeit daher generell nicht mehr bloß auf die Produkte und Möglichkeiten, sie zu verkaufen, sondern stellen sich bewusst auf den Kunden und seine Bedürfnisse ein. Den Marketingverantwortlichen wird eine zentrale Rolle beigemessen.

In diesem Kapitel erfahren Sie

- was Marketing beinhaltet,
- was Marketing in unterschiedlichen Produktsegmenten ausmacht und
- wie die fünf Schritte bei der Entwicklung eines Marketingkonzepts im Überblick aussehen.

# Was Marketing beinhaltet

## Was will Marketing?

Um Produkte und Dienstleistungen erfolgreich abzusetzen, orientieren sich die Unternehmen heutzutage am Markt. Diese Marktorientierung in Maßnahmen umzusetzen, ist Aufgabe des Marketings. Dabei ist der Begriff des Marketings in der Praxis nicht immer mit ganz einheitlichen Inhalten verbunden. Er wird zum Teil im Sinne einer Absatzvorbereitung, d.h. einer Vorbereitung für den Vertrieb, verstanden, zum Teil als eine marktbezogene Führungskonzeption eines Unternehmens, zum Teil als der Dienst des Unternehmens am Kunden.

> Generell kann man sagen, dass Marketing erklären will, wie Austauschprozesse zwischen Unternehmen bzw. zwischen Unternehmen und privaten Kunden zustande kommen, und daraus Hinweise ableitet, wie diese Austauschbeziehungen auszugestalten sind.

## Was gehört dazu?

Das Marketing hat die folgenden Hauptaufgaben:

- die systematische Marktsuche und Markterschließung mit dem Ziel, eine Informationsbasis über die Austauschprozesse zwischen dem Unternehmen und seinen Kunden zu schaffen,

- den planmäßigen Einsatz verschiedener, aufeinander abgestimmter Instrumente zur Ausgestaltung dieser Austauschprozesse mit dem Ziel, den Absatzerfolg zu sichern bzw. zu steigern.

Die Planung des Instrumenteneinsatzes müssen Sie einerseits unter langfristigen, unternehmensstrategischen Gesichtspunkten vollziehen. Andererseits müssen Sie kurzfristig planen, wie die Marketinginstrumente (der sogenannte „Marketingmix") konkret ausgestaltet werden sollen. Dabei geht es im Wesentlichen um die Frage, welches Produkt bzw. welche Dienstleistung dem Kunden wie, zu welchem Preis, mit welcher Kommunikation bzw. Unterstützung und welchen Hilfsmitteln angeboten werden soll.

## Welche Instrumente gibt es?

Mit den Marketinginstrumenten legen Sie die eigentlichen absatzpolitischen Aktivitäten fest, mit denen Sie am Markt agieren und auch reagieren wollen. Jedem Unternehmen steht dazu eine Vielzahl von möglichen Instrumenten zur Verfügung.

Sie können vier Bereiche unterscheiden:

- Produktpolitik: Welche Produkte und Leistungen sollen wie am Markt angeboten werden?
- Distributionspolitik: An wen und auf welchen Wegen sollen die Produkte verkauft bzw. an die Käufer herangetragen werden?
- Preispolitik: Zu welchen Bedingungen und Preisen sollen die Produkte angeboten werden?
- Kommunikationspolitik: Welche Informations- bzw. Beeinflussungsmaßnahmen sollen ergriffen werden, um die Produkte besser verkaufen zu können?

# Es kommt auf die Produkte an

Die Absatzprobleme – und damit auch das Marketing – sind je nach Art der ausgetauschten Produkte sehr unterschiedlich. Dementsprechend wird sich z.B. das Marketing für Investitionsgüter auch vom Marketing für Dienstleistungen unterscheiden.

Im Folgenden erfahren Sie, was Marketing in den jeweilig unterschiedlichen Bereichen ausmacht.

## Was sind die Besonderheiten des Konsumgütermarketings?

Das Konsumgütermarketing richtet sich speziell an den Konsumenten bzw. an den Verbraucher, der auf der Endstufe des Wirtschaftsprozesses steht.

Auf dem Konsumgütermarkt sollten Sie prinzipiell folgende Punkte berücksichtigen:

- originärer Bedarf, d.h. der Bedarf entsteht unmittelbar beim Konsumenten,
- große Zahl an Bedarfsträgern,
- die Kaufentscheidung wird in hohem Maße von Einzelnen gefällt,
- mehrstufiger, indirekter Vertriebsweg,
- anonyme Marktkontakte (z.B. Massenwerbung).

## Was sind die Besonderheiten des Investitionsgütermarketings?

Das Investitionsgütermarketing befasst sich im weitesten Sinne mit der Vermarktung von Produkten und Leistungen, die in Industriebetrieben bzw. Organisationen zum Einsatz kommen.

**Beispiel:**

Investitionsgüter können sowohl einfache Teile sein (Komponentengeschäft), Roh- und Einsatzstoffe oder Energieträger (z.B. Elektrizität), Anlagen bzw. Einzelaggregate (z.B. Computer), aber auch komplette schlüsselfertige Fabriken (Systemgeschäft).

Für das Investitionsgütermarketing müssen Sie folgende Besonderheiten beachten, die es insbesondere vom Konsumgütermarketing abheben:

- Der Bedarf auf dem Investitionsgütermarkt ist abgeleitet, denn er hängt vom Konsumgütermarkt ab.
- Die Kaufentscheidung wird nicht von Einzelnen, sondern in der Regel in einer Gruppenentscheidung und unter bestimmten formalen Bedingungen getroffen.
- Es existiert eine geringere Zahl und höhere Konzentration von Bedarfsträgern.
- Kunde und Anbieter befinden sich in einem direkten Interaktions- bzw. Verhandlungsprozess.
- In der Regel werden beim Einsatz von Marketinginstrumenten besondere Schwerpunkte gesetzt, etwa auf den persönlichen Verkauf.
- Der Markt ist in höherem Maße international ausgerichtet.
- Die Zielgruppe unterliegt beim Kaufverhalten einem stärkeren Zwang zur Rationalität.
- Der Bedarf ist in höherem Maße spezialisiert.
- Der Prozess der Kaufentscheidung dauert meist länger.

## Was ist anders im Dienstleistungsmarketing?

Bei der Vermarktung von Dienstleistungen müssen Sie folgende Besonderheiten beachten:

- Dienstleistungen sind häufig geistige, immaterielle Leistungen (z. B. Know-how-Vermittlung bei einer Unternehmensberatung, Theateraufführung).

- Eine Dienstleistung ist keine lagerfähige Leistung (z.B. Bereitstellung eines Hotelzimmers).
- Es handelt sich oft um eine einmalige bzw. individuelle Leistung (z.B. Maßanfertigung eines Anzugs).
- Es ist häufig eine personalintensive Leistung (z.B. Rechtsanwalt).
- Die Leistung ist schwer standardisierbar (z.B. Illustration eines Buches).
- Es herrscht eine direkte und intensive Beziehung zum Kunden (z.B. Steuerberatung, PC-Schulung).
- Der Empfänger ist häufig an der Erstellung der Leistung beteiligt (z.B. Einnahme von Medikamenten, Auskunft bei Unternehmensberatungen).

## Wie Sie bei der Entwicklung eines Marketingskonzepts vorgehen

Wenn Sie ein Marketingkonzept für Ihr Unternehmen entwickeln wollen, müssen Sie entscheiden, wie das gesamte absatzpolitische Instrumentarium ausgestaltet werden soll. Das bedeutet, Sie müssen geeignete Instrumente festlegen, die den absatzwirtschaftlichen Erfolg Ihrer Produkte oder Dienstleistungen sicherstellen sollen.

## In fünf Schritten zum Marketingkonzept

1 Untersuchen Sie die externe Ausgangssituation, und zwar

- der Kunden,
- der Konkurrenten,
- der Absatzmittler und -helfer
- sowie den Einfluss von sonstigen Institutionen wie z. B. des Staates.

2 Analysieren Sie die interne Situation, also die des eigenen Unternehmens, die eigene Unternehmenspolitik, die eigenen Ressourcen.

3 Anschließend können Sie die Ziele des Marketings formulieren.

4 Legen Sie in der strategischen Marketingplanung fest, welche Grundstruktur Ihre Strategie haben soll, wohin sich das Unternehmen langfristig unter Marktgesichtspunkten orientieren soll.

5 In der taktischen Marketingplanung geht es schließlich um die Festlegung der Instrumente des Marketingmix, die in konkrete Maßnahmen umzusetzen sind.

# Die Ausgangssituation analysieren

Voraussetzung für ein marktorientiertes, kundengerechtes Verhalten Ihres Unternehmens ist, Informationen über den Markt bzw. die Situation, in der sich Ihr Unternehmen befindet, zu gewinnen. Diese Informationen werden über die Marketingforschung bereitgestellt.

In diesem Kapitel erfahren Sie wie Sie

- Informationen über den Markt gewinnen,
- Ihre aktuelle Situation auf der Handelsstufe bestimmen,
- die Konkurrenz einschätzen und
- die Ist-Situation in Ihrem Unternehmen analysieren.

# Marketingforschung

Zur Marketingforschung gehört der gesamte Bereich der Gewinnung und Analyse von Informationen, die Ihnen nützen können, Absatzprobleme zu erkennen und zu lösen. Sie liefert die Grundlage für die Erarbeitung, den Einsatz und die Kontrolle der Marketingplanungen.

Die Marketingforschung bedient sich dazu der Methoden der Primär- und Sekundärforschung.

- Primärforschung: Die Informationen werden direkt an ihrem Entstehungsort gewonnen, z.B. bei den Endverbrauchern. Die notwendigen Daten erhebt man entweder durch Befragung oder durch Beobachtung.
- Sekundärforschung: Aufbereitung bereits vorhandener, mehr oder minder stark verdichteter Informationen.

In der folgenden Checkliste finden Sie grundlegende Fragen, die Sie bei der Situationsanalyse klären sollten.

## Checkliste: Situationsanalyse

1 Wie ist der Markt, auf dem Ihr Unternehmen anbietet zu definieren und abzugrenzen?

2 Wer ist in die Verteilung der Produkte eingeschaltet und was bestimmt das Verhalten der Beteiligten?

3 Welche Konkurrenten sind auf dem Markt tätig?

4 Inwieweit nehmen öffentliche Instanzen und sonstige externe Faktoren Einfluss auf Ihre Unternehmenspolitik?

5 Wie sieht die Ist-Situation des eigenen Unternehmens aus? Welche Stärken und Schwächen hat das Unternehmen?

# Informationen über den Markt gewinnen

Bei der Marktanalyse geht es zunächst darum, das Verhalten der Konsumenten zu untersuchen, also gezielte Marktforschung zu betreiben.

## Wie Sie Ihren Markt abgrenzen

Zur Abgrenzung Ihres Markts sollten Sie sich zunächst Fragen zur sachlichen, räumlichen, zeitlichen und persönlichen Ausrichtung Ihrer Unternehmenstätigkeit stellen.

### 1 Die sachliche Marktabgrenzung

Je enger der Markt sachlich abgegrenzt wird, desto größer werden die Marktanteile eines einzelnen Unternehmens und desto bedeutender ist seine Stellung im Markt.

**Beispiel:**

> Ein Unternehmen, das Schokoriegel herstellt, kann im Süßwarenmarkt, dem Imbiss- und Genussmittelmarkt oder dem Lebensmittelmarkt tätig werden. Je enger der Markt, desto bedeutender die Stellung.

Wenn Sie den Markt sachlich abgrenzen, sollten Sie nicht ausschließlich nach der naheliegenden technischen Ähnlichkeit der Produkte gehen. Es ist vor allem wichtig, auf die Substitutionsstärke zwischen Produkten zu achten: Je mehr verschiedene Produkte es gibt, die ein bestimmtes Bedürfnis befriedigen können, umso höher ist die Substitutionsstärke. D. h. auch technisch unähnliche Produkte können in Ihre Marktabgrenzung fallen.

So können dem Bedürfnis, sich über die Uhrzeit zu informieren, technisch verschiedenartige Produkte entsprechen. Sie sollten sich also insbesondere über die Art der Bedürfnisse, die befriedigt werden sollen, im Klaren sein und davon ausgehend eine sachliche Marktabgrenzung vornehmen.

## 2 Wo soll das Produkt verkauft werden?

Sie sollten sich auch über die räumliche Abgrenzung des Markts Gedanken machen. Häufig verkaufen Unternehmen ihre Produkte in einem Kerngebiet und in einem Randgebiet. Brauereien verfügen z. B. in der Nähe ihrer Standorte häufig über sehr viel höhere Marktanteile als in ihren weiter entfernt liegenden Marktgebieten. Berücksichtigen Sie daher in diesem Zusammenhang vor allem die geografische Lage des Marktgebiets.

### 3 Zeitliche Marktabgrenzung

Zudem müssen Sie sich überlegen, ob Ihr Produkt oder Ihre Leistung in unterschiedlichen Zeitabschnitten (Jahren, Saison) sehr verschiedene Marktanteile erzielen kann.

### 4 Persönliche Marktabgrenzung

Mit persönlicher Marktabgrenzung ist gemeint, dass Sie Ihre Marktbetrachtung auf bestimmte, relevante Abnehmergruppen eingrenzen können, wie z.B. Schüler oder Senioren. Die persönliche Marktabgrenzung hängt eng mit der Zielgruppenplanung zusammen.

## Was bringt eine Marktsegmentierung?

Das Problem der Marktabgrenzung ist im Kern ein Prognoseproblem, denn es stellt sich die Frage, wie die Kunden – und damit der Markt – auf bestimmte absatzpolitische Maßnahmen reagieren werden.

**Beispiel:**

Wann werden etwa zwei verschiedene Marken als Substitute angesehen? Wird der Fahrer eines Diesels von Mercedes einen BMW als Alternative in Erwägung ziehen, oder ist die Markenbindung so groß, dass von zwei getrennten Märkten gesprochen werden sollte?

Dieses Problem können Sie eher lösen, indem Sie eine Marktsegmentierung durchführen.

### Was Marktsegmentierung bedeutet

Man weiß, dass bestimmte Gruppen von Kunden sich sehr unterschiedlich verhalten und dass sie sehr unterschiedlich auf Instrumente des Marketings reagieren. Bei diesen Kundengruppen spricht man von Marktsegmenten. Alle Personen innerhalb eines Marktsegments sind sich in mindestens einem Merkmal ähnlich, in dem sie sich von den Mitgliedern anderer Segmente unterscheiden.

Für das Marketing ist es nicht nur wichtig, das Verhalten der Kunden in den einzelnen Marktsegmenten zu kennen. Für die Planung bedeutend sind vielmehr diejenigen Faktoren und Merkmale, die dieses Kundenverhalten bestimmen. Sie dienen als Kriterien, die für die Marktsegmentierung herangezogen werden.

> Die Marktsegmentierung führt dazu, dass Sie homogene Kundengruppen identifizieren können, für die sich leichter eine Verhaltensprognose im Hinblick auf die geplanten Absatzmaßnahmen treffen lässt.

## Kriterien, die Sie für eine Segmentierung des Markts heranziehen können

Weil die Daten einfach zu erhalten sind, wird der sozioökonomische Status der Konsumenten häufig für eine Marktsegmentierung herangezogen. Als sozioökonomische Kriterien gelten: das Einkommen, der Wohnort, der Beruf, der Besitzstand, die Rolle in der Familie, die Zugehörigkeit zu Gruppen.

**Beispiel:**

So werden etwa preiswerte Autos für untere Einkommensschichten, spezielle Fachliteratur für einzelne Berufsarten oder spezielle Angebote für Haus- und Gartenbesitzer entwickelt.

Die sogenannten **psychographischen Angaben** sind für die Marktsegmentierung sehr interessant, da sie noch genauere Prognosen über das Verhalten zulassen. Es handelt sich dabei um Angaben, die zu einer äußerst detaillierten Personenbeschreibung aus psychologischer Sicht führen. Allerdings sind diese Daten selten direkt verfügbar. Zu ihnen zählen zum Beispiel: Kaufabsicht, Einstellungen, Motive (Bedürfnisse).

**Beispiel:**

Eine Marktabgrenzung nach psychographischen Merkmalen liegt vor, wenn ein Unternehmen seine Maßnahmen auf jene Kunden ausrichtet, die bereits eine positive Einstellung zu einem bestimmten Produkt, z.B. französischen Rotwein, haben.

Merkmale, mit denen das **Verhalten der Konsumenten** in der Vergangenheit erfasst wird, bieten eine weitere Möglichkeit der Marktsegmentierung. Kriterien sind u.a.:

- das Ausmaß, in dem ein bestimmtes Produkt in der Vergangenheit konsumiert worden ist,
- der Typ der Geschäfte, die in der letzten Zeit bevorzugt aufgesucht wurden,
- die Markentreue.

**Beispiel:**

Ein Beispiel für eine Segmentierung nach Konsumausmaß ist die Einteilung in Intensiv-, Normal-, Wenig- und Nicht-Käufer.

Wenn Sie über die Analyse dieser Kriterien einen Einblick in die Kundenstruktur des Marktes gewonnen haben, werden Sie zumindest ansatzweise in der Lage sein, vorauszusagen, wie sich die Kunden bei bestimmten Marketingaktivitäten verhalten werden. Sie sollten sich allerdings immer bewusst sein, dass eine exakte Verhaltensprognose aufgrund der Komplexität des Sachverhalts schwer möglich ist.

## Nutzen Sie die differenzierte Marktbearbeitung

Die grobe Kenntnis, wie sich das angesteuerte Marktsegment verhalten wird, schafft die Voraussetzung für eine differenzierte Marktbearbeitung und erlaubt Ihnen, einzelne Marktsegmente bzw. Kundengruppen gezielt unter Einsatz eines bestimmten Marketingmixes zu bearbeiten. Wenn Sie bestimmte Kundensegmente jeweils getrennt bearbeiten, lassen sich Ressourcen gezielt, effizient und gewinnbringend einsetzen.

Die folgende Checkliste gibt Ihnen wichtige Fragen vor, über die Sie für Ihre Marktanalyse nachdenken sollten.

### Checkliste: Marktanalyse

- Welche Kunden sollen mit dem Produkt angesprochen werden?
- Wie ist die Lage dieser Kunden?
- Aus welchen Gründen und für welche Zwecke erwerben sie das Produkt und welche Alternativen stehen ihnen offen?

# Ihre aktuelle Situation auf der Handelsstufe bestimmen

## Den Einfluss der Absatzmittler und Absatzhelfer beurteilen

In vielen Fällen verkauft ein Unternehmen seine Produkte nicht direkt an den Endverbraucher, sondern schaltet für deren Verteilung mehrere Wirtschaftsstufen ein, insbesondere den Groß- und Einzelhandel.

Damit Sie sich zunächst ein grundsätzliches Bild von der Situation auf der Handelsstufe machen können, sollten Sie einigen Fragen nachgehen, die Sie in folgender Checkliste finden.

### Checkliste: Handelsstufe

- Nach welchen Kriterien lassen sich Handelsorganisationen unterteilen (z.B. organisierter, nicht organisierter Handel, Betriebsformen des Handels, Betriebsgröße)?
- Wie sieht das Beschaffungsverhalten einzelner Händler aus: Wie viel kaufen sie insgesamt, wie viel pro Bestellung?

- Wie häufig werden Bestellungen aufgegeben, geschieht dies in regelmäßigen Zeitabständen und in welchem Ausmaß ist Lieferantentreue zu beobachten?
- Für welche Zwecke verwenden die Abnehmer die erworbenen Produkte?
- Wann werden Bestellungen aufgegeben?

## Welche Faktoren für Sie auf der Handelsstufe bedeutend sind

Wie bei der Untersuchung der Kunden sollten Sie sich auch bei der Analyse der Absatzmittler und -helfer nicht nur fragen, wie das Verhalten der eingeschalteten Distributionsorgane aussieht. Sie müssen auch herausfinden, welche Faktoren ihr Verhalten beeinflussen. Dabei interessieren diejenigen Größen bzw. Maßnahmen, mit denen die Handelsbetriebe Einfluss auf den Absatz der Produkte eines Unternehmens bei den nachgeschalteten Kunden nehmen.

**Beispiel:**

Im Selbstbedienungshandel etwa spielt es eine Rolle, welcher Regalplatz dem Produkt zugewiesen wird. Im Bedienungshandel kommt es hingegen entscheidend darauf an, dass das Verkaufspersonal für den Abverkauf Sorge trägt.

## Welche Rolle spielt das Machtverhältnis von Industrie und Handel?

Von zunehmender Wichtigkeit für das Marketing ist in den vergangenen Jahren das relative Machtverhältnis von Industrie und Handel geworden.

Die Verhandlungsposition der Handelsunternehmen ist auf der einen Seite umso stärker,

- je größere Anteile sie an den Gesamtumsätzen der Verkäufer haben,
- je wichtiger das Produkt für sie ist,
- je standardisierter die Produkte sind und
- je besser die Konsumenten über die Marktlage informiert sind.

Mächtige Lieferanten, d.h. Hersteller, können auf der anderen Seite jedoch auch die Rentabilität im Handel drücken, indem sie hohe Preise fordern, gleichzeitig Einfluss auf die Verkaufspreise nehmen, einen bestimmten Service und eine bestimmte Lagerhaltung fordern, die Abnahme eines ganzen Sortiments erwarten und Mindestbestellungen vorschreiben.

Wege, die Sie als Hersteller beschreiten können, um Ihre Politik stärker mit der der Händler zu verzahnen, können u.a. sein

- ein direktes Engagement im Einzelhandel durch Eröffnung oder Kauf von Verkaufsstellen (z.B. WMF),

- ein Eingehen von Kooperationen, z.B. durch Franchisebetriebe, wobei ein Teil der Kooperation auch Beratungsprogramme sein können.

## Die Konkurrenz einschätzen

Die richtige Einschätzung Ihrer Konkurrenz ist einer der wichtigsten Punkte in der Marketingplanung und erfordert, dass Sie sich gründlich über den Wettbewerb informieren. Dies erreichen Sie mit einer gezielten Konkurrenzanalyse.

> Die Aufgabe der Konkurrenzanalyse besteht in der Sammlung und Bewertung möglichst umfassenden Informationsmaterials über die wichtigsten Konkurrenten des Unternehmens.

In einem ersten Schritt müssen Sie die wichtigsten Konkurrenten identifizieren. Diese können Sie dann anhand von bestimmten Kriterien näher untersuchen. Im Folgenden finden Sie eine Auswahl solcher Kriterien.

**Kriterien für eine Konkurrenzanalyse**

- Ertrags- und Finanzkraft,
- strategische Ziele,
- Ressourcen,
- Marketingkonzeption,
- Marktposition,
- Marktanteil,
- Wachstum,
- Kunden,

- Geschäftsfelder,
- Produktionskapazitäten,
- Innovationsfähigkeit,
- Flexibilität,
- Qualifikation der Mitarbeiter.

Die Beurteilung der einzelnen Konkurrenten sollten Sie immer im Vergleich mit Ihrem eigenen Unternehmen vornehmen. Sie sollten sich fragen: Ist die Konkurrenz besser, genauso gut oder schlechter als das eigene Unternehmen?

## Wie stark ist der Wettbewerb?

In jeder Branche drückt der Wettbewerb die Rendite des eingesetzten Kapitals. Werden hohe Renditen erzielt, dann lockt dies in der Regel weitere Wettbewerber an. Die Fähigkeit eines Unternehmens, überdurchschnittliche Erträge aufrechtzuerhalten, hängt dann davon ab, wie stark die Wettbewerbskräfte in der Branche sind. Wie intensiv letztendlich der Wettbewerb auf einem Markt zu beurteilen ist, wird sowohl von den subjektiven Vorstellungen der Unternehmensleitung als auch von sachlichen Gegebenheiten bestimmt.

Sachliche Gegebenheiten sind z.B.,

- ob erwartet wird, dass die übrigen Wettbewerber die Veränderungen in der eigenen Politik überhaupt bemerken;
- ob ein langsames Wachstum vorliegt, das dem wachstumswilligen Unternehmen nur den Weg lässt, sich durch Verdrängung anderer höhere Marktanteile zu sichern;

- ob hohe Fixkosten vorliegen;
- ob die Austrittsbarrieren hoch sind und sich die Wettbewerber daher mit scharfen Gegenmaßnahmen gegen eigene Maßnahmen zur Wehr setzen.

## Wie hoch sind die Markteintrittsbarrieren?

Bestimmte Branchen sind durch hohe Eintrittsbarrieren vor dem Auftreten neuer Anbieter auf dem Markt und damit vor der Erhöhung der Wettbewerbsintensität relativ gut geschützt. Unter Eintrittsbarrieren sind u.a. folgende Sachverhalte zu verstehen:

- Betriebsgrößenersparnisse, d.h. Unternehmen mit hoher Leistung können zu niedrigeren Kosten arbeiten als kleinere Unternehmen,
- starke Bindungen der Käufer an die bisherigen Anbieter,
- ein hoher Kapitalbedarf,
- der Zugang zu bestimmten Waren und Rohstoffen,
- ein Schutz durch den Staat.

Aber auch die Erwartung, dass die jetzt schon vorhandenen Anbieter sich „bis aufs Messer" wehren werden, wenn neue Anbieter in ihren Markt eindringen, kann als eine Eintrittsbarriere wirken.

Folgende Kernfragen sollten Sie bei der Analyse der Konkurrenz beantworten.

**Checkliste: Konkurrenzanalyse**

- Welche Konkurrenten sind auf dem Markt tätig?
- Wie stehen die Konkurrenten im Vergleich zum eigenen Unternehmen da?
- Wie stark ist die Rivalität unter den bestehenden Wettbewerbern und wird diese Rivalität voraussichtlich zunehmen?
- Können neue Anbieter auf dem Markt auftreten oder ist der Markt durch hohe Eintrittsbarrieren geschützt?

## Weitere Einflüsse auf den Absatz

Neben den unmittelbaren Schnittstellen, die ein Unternehmen zu seiner Umwelt hat – also zu Endverbrauchern, Konkurrenten und Absatzmittlern und -helfern –, müssen Sie auch untersuchen, welche rechtlichen Beschränkungen und sonstigen Einflüsse den Absatz beeinflussen können. So sollten Sie in Ihre Überlegungen auch einbeziehen:

- die globale wirtschaftliche Situation, z. B. Höhe des Bruttosozial- und Bruttoinlandsprodukts, Höhe des disponiblen persönlichen Einkommens, Zollvereinbarungen sowie sonstige tarifäre und nichttarifäre Handelshemmnisse,
- soziokulturelle Bedingungen, z. B. Strukturmerkmale der Bevölkerung wie Alter, Schulabschluss, Aufbau der Familie, soziale Schichtung, gesellschaftliche Werte (z. B. gestiegenes Umweltbewusstsein), Normen, festgelegte Verhaltensweisen,
- den technologischen Entwicklungsstand, z. B. die Entstehung neuer Wirtschaftszweige (wie der Nutzung von Geothermie) oder die Zerstörung existierender Industrien,
- Umweltbedingungen, z. B. klimatische und geographische Bedingungen sowie die gegebene Infrastruktur,
- rechtliche Bedingungen, z. B. Rechtsvorschriften wie etwa das GWB, das UWG, die Preisauszeichnungsverordnung, die Zugabeverordnung, das Warenzeichengesetz oder freiwillige Beschränkungen wie z. B. im Bereich der Werbung.

## Das eigene Unternehmen untersuchen

Bei der Analyse des eigenen Unternehmens geht es darum, die Ist-Situation der internen Gegebenheiten abzubilden. Da sämtliche Funktionsbereiche eines Unternehmens Marketingentscheidungen beeinflussen, sind sie letztlich alle zumindest von peripherem Interesse für die Analyse der Ausgangssituation. Auch die bisherige Marketing- bzw. Absatzpolitik müssen Sie untersuchen.

## Analysieren Sie die Stärken und Schwächen Ihres Unternehmens

Für eine Bestandsaufnahme sollten Sie die Stärken und Schwächen des Unternehmens aufzeigen. Ansatzpunkte dafür finden Sie in den einzelnen Funktionsbereichen.

Dazu sollten Sie erfassen:

- die finanziellen Fähigkeiten (z.B. den Cashflow, Renditezahlen),
- die physischen Fähigkeiten (z.B. Produkte, Services),
- die organisatorischen Fähigkeiten (z.B. Informationssysteme),
- die technologischen Fähigkeiten (z.B. Qualifikation der Führungskräfte der Forschung & Entwicklung).

In der Regel sind zur Untersuchung des eigenen Unternehmens keine eigenen Erhebungen erforderlich. Sie können auf Material und Daten aus den einzelnen Funktionsbereichen zurückgreifen, insbesondere aus dem Rechnungswesen, aus dem Sie z.B. Umsatzzahlen, Kostenwerte und allerlei Kennzahlen erhalten können.

Die Schlüsselanforderungen des Markts bilden dann die Vergleichsbasis, anhand der Sie die Bewertung des eigenen Unternehmens vornehmen können. So lassen sich z.B. schon einige Stärken und Schwächen erkennen, wenn Sie Ihre Kennzahlen mit den Branchenkennzahlen vergleichen.

## Nehmen Sie Ihren Hauptkonkurrenten als Maßstab

Ein Vergleich der spezifischen Stärken und Schwächen Ihres Unternehmens mit denen des Hauptkonkurrenten erlaubt Ihnen, den Handlungsspielraum gegenüber Ihren Wettbewerbern festzustellen. Diesen Vergleich können Sie mithilfe des Stärken-Schwächen-Profils visualisieren. Dazu wählen Sie bestimmte Leistungskriterien aus, die Sie für Ihr Unternehmen und Ihren wichtigsten Konkurrenten bewerten und einander gegenüberstellen.

## Stärken-Schwächen-Profil

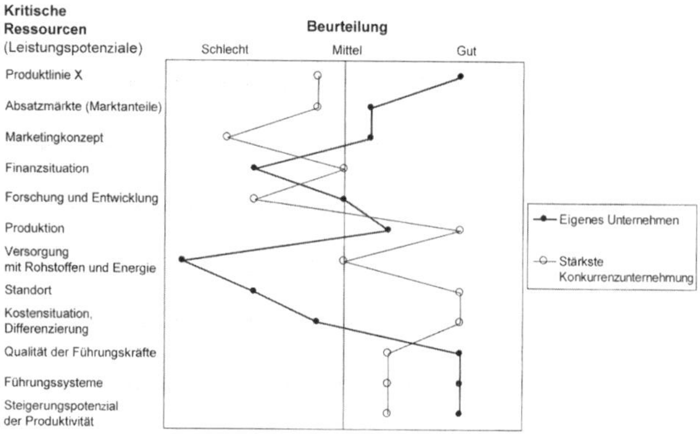

# Marketingziele formulieren

Marketing lässt sich nicht erfolgreich durchführen, wenn es nicht mit Unternehmenszielen verbunden wird. Einzelne Marketingmaßnahmen können Sie nur dann sinnvoll auswählen und ausgestalten, wenn auch geprüft werden kann, inwieweit diese Maßnahmen zur Zielerreichung beitragen. Daher sollten Sie für die einzelnen Marketinginstrumente und -maßnahmen Teilziele entwickeln, die als Vorgaben für die Planung und als Orientierung für die Kontrolle dienen können.

In diesem Kapitel erfahren Sie

- welche Marketingziele denkbar sind,
- wie Sie Marketingziele formulieren und
- was Sie bei Zielkonflikten tun können.

3

# Welche Marketingziele sind denkbar?

Grundsätzlich können Sie zwischen einer Fülle von Marketingzielen auswählen. Eine Orientierung bietet Ihnen die Einteilung nach ökonomischen und psychographischen Zielen.

- Als ökonomische Marketingziele gelten:
  - Deckungsbeitrag,
  - Marktanteil,
  - Erzwingung des Marktzugangs,
  - Umsatz- und Absatzsteigerung,
  - Steigerung der Marktdurchdringung bzw. Ausweitung von Marktpotenzialen.
- Psychographische Marketingziele sind z. B.
  - ein Produkt oder Produkteigenschaften bekannt zu machen,
  - den Bekanntheitsgrad des Unternehmens oder eines Produkts zu erhöhen,
  - Einstellungen bzw. Images zu verändern bzw. zu verstärken,
  - die Präferenzen für ein Produkt zu erhöhen,
  - die Kaufabsicht zu verstärken.

## Was die AIDA-Formel besagt

Die Fülle möglicher Zielgrößen ergibt sich zum Teil daraus, dass der Kunde vor dem Kauf eine Reihe von Stadien durchläuft. Eines der bekanntesten Phasenschemen des Kaufprozesses spiegelt sich in der Abkürzung AIDA wider.

| AIDA-Formel |
|---|
| **A**ttention |
| **I**nterest |
| **D**esire |
| **A**ction |

Heute weiß man zwar, dass ein Kunde nicht nacheinander alle genannten Stufen – Aufmerksamkeit, Interesse, Wunsch und Handlung – durchlaufen muss, um zum Käufer eines Produkts zu werden, es empfiehlt sich aber dennoch, den Kauf als einen Prozess aufzufassen; denn dadurch ergeben sich für einzelne Maßnahmen Hinweise auf konkrete Zielformulierungen.

**Beispiel:**

Gestaltungsentwürfe von Anzeigen müssen auf andere Größen hin beurteilt werden als etwa der Standort, der für einen Einzelhandelsbetrieb ins Auge gefasst wird. Bei der Anzeigengestaltung kommt es vielleicht darauf an, welche Wünsche beim Betrachter ausgelöst werden und wie sich seine Einstellung zum Produkt ändert, bei der Standortwahl des Einzelhandelsbetriebs auf die Zahl der Kunden, die die Verkaufsstelle in einer bestimmten Zeitspanne aufsuchen werden.

# Wie Sie Marketingziele formulieren

Die Marketingziele müssen Sie so formulieren, dass Sie später auch kontrollieren können, ob die Ziele erreicht werden. Man spricht in diesem Zusammenhang von der „Operationalität von Zielen", was bedeutet, die Marketingziele nach Inhalt, Zeit und Ausmaß zu präzisieren.

- **Inhalt:** Bei der Festlegung des Zielinhalts entscheiden Sie, was für ein Marketingziel angestrebt wird. Dabei kann es sich sowohl um ein ökonomisches als auch um ein psychographisches Ziel handeln.
- **Ausmaß:** Dann müssen Sie eine Messgröße festlegen bzw. dem Ziel eine Dimension geben. Die Zielformulierung kann etwa in absoluten Zahlen oder Prozent ausgedrückt werden und z.B. lauten: Erreichung eines Marktanteils von x-Prozent, Erzielung eines Umsatzwachstums von y-Prozent, Sicherung einer Mindestrendite von z-Prozent oder Erreichung einer Kaufabsicht von u-Prozent.
- **Zeitraum:** Der zeitliche Bezug bestimmt, in welchem Zeitraum die Marketingziele erreicht werden sollen. Je nach der zugrunde liegenden Planperiode können Sie kurz-, mittel- und langfristige Ziele vorgeben.

**Beispiel:**

Eine operationale Formulierung eines Marketingziels lautet: Steigerung des Umsatzes für Produkt A im Gebiet B bei der Käufergruppe C von zehn Prozent bis zum Ende des nächsten Jahres.

# Was tun bei Zielkonflikten?

Neben den stark nach den Instrumenten des Marketings differenzierten Ziel- und Ergebnisgrößen für den Absatz werden in jedem Unternehmen natürlich – bezogen auf seine Gesamtheit – allgemeinere Ziele formuliert. Sämtliche Zielsysteme im Unternehmen sollten idealerweise aufeinander abgestimmt sein. In der Regel werden dazu Zielhierarchien gebildet. Viele Maßnahmen sind dabei oft auf mehrere Zielgrößen gerichtet. Schwierigkeiten entstehen insbesondere aus den komplexen Zusammenhängen, die zwischen den einzelnen Größen bestehen.

- Probleme ergeben sich zum einen daraus, dass häufig das Ausmaß des Zusammenhangs nicht eindeutig erkennbar ist; so ist offenbar die Höhe des Gewinns abhängig von der Steigerung des Marktanteils, jedoch ist es nicht leicht, die Abhängigkeit der beiden Größen zu quantifizieren.
- Zum anderen kann das Anstreben eines Ziels das Erreichen eines anderen Ziels blockieren; das bedeutet, dass zwei Ziele im Konflikt miteinander stehen. Dies ist z.B. der Fall, wenn eine „Umsatz- und Gewinnmaximierung" angestrebt wird oder der „größtmögliche Umsatz bei geringsten Kosten".

Liegt ein Zielkonflikt vor, müssen Sie Prioritäten setzen. Da die künftigen Auswirkungen von Maßnahmen häufig ungewiss sind, handelt es sich hierbei um schwer wiegende Entscheidungen. Wenn Sie Ihre Ziele formulieren, sollten Sie daher den Wirkungszusammenhängen von Zielgrößen größte Aufmerksamkeit widmen. Eine Zielhierarchie kann Ihnen helfen, Schwerpunkte zu setzen.

Folgende Checkliste fasst abschließend zusammen, worauf Sie bei der Formulierung der Marketingziele unbedingt achten sollten.

## Checkliste: Formulierung der Marketingziele

- Sind die Marketingziele vollständig nach Inhalt, Ausmaß und Zeitbezug formuliert?
- Haben Sie die verschiedenen Marketingziele unter Beachtung des Gesamtzusammenhangs der Unternehmensziele in eine Ordnung gebracht?
- Wenn Zielkonflikte vorliegen, haben Sie Prioritäten gesetzt?

# Strategische Marketingplanung

Die Notwendigkeit einer systematischen Planung nimmt angesichts der wachsenden Dynamik und Komplexität des Umwelt- und Unternehmensgeschehens stark zu. Wenn Sie die Ziele Ihres Marketings formuliert haben, sollten Sie anschließend Strategien entwickeln, um diese Ziele auch zu erreichen. Die Strategien geben die grobe Richtlinie für das Vorgehen des Unternehmens im Marketingbereich vor.

In diesem Kapitel erfahren Sie wie Sie mithilfe der folgenden Maßnahmen bzw. Phänomene Strategien entwickeln

- Produkt-Markt-Matrix,
- Produktlebenszyklus,
- Erfahrungskurveneffekt,
- Portfolio-Analyse,
- Wettbewerbsmatrix.

# Strategien ableiten aus der Produkt-Markt-Matrix

Zur Entwicklung von Strategien in Wachstumsmärkten eignet sich besonders das einfache Instrument der Produkt-Markt-Matrix.

Den Ausgangspunkt bildet dabei das Auftreten einer Ziellücke zwischen der Soll- und Ist-Entwicklung eines Unternehmens. Ein solcher Zustand deutet darauf hin, dass sich die Ziele des Unternehmens mit den bisher verfolgten Strategien nicht erreichen lassen. Wenn die Ziele nicht aufgegeben oder nach unten korrigiert werden sollen, müssen Sie neue strategische Alternativen suchen. Welcher strategische Handlungsrahmen dabei zur Verfügung steht, zeigt die folgende Produkt-Markt-Matrix.

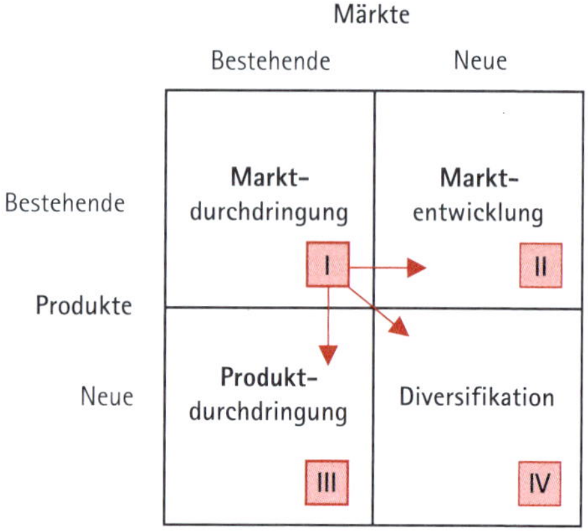


*Produkt-Markt-Matrix*

## Welche grundlegenden Strategien lassen sich entwickeln?

Sie können zwischen vier unterschiedlichen Strategien wählen:

- **Marktdurchdringung:** Indem das Marketing verstärkt wird, soll den derzeitigen Produkten auf den gegenwärtig bearbeiteten Märkten zu größerem Erfolg verholfen werden.
- **Marktentwicklung:** Mit den vorhandenen Produkten sollen neue Märkte erschlossen werden; das können entweder bisher nicht erkannte oder nicht bearbeitete Märkte sein.
- **Produktentwicklung:** Indem neue Produkte bzw. Produktinnovationen auf bestehenden Märkten angeboten werden, soll das Unternehmenswachstum gesichert werden.
- **Diversifikation:** Die Diversifikation kennzeichnet das Ausbrechen eines Unternehmens aus angestammten Betätigungsfeldern. Gründe für die Diversifikation können u.a. sein: stagnierende Märkte, Risikostreuung, finanzwirtschaftliche Erwägungen, Sicherung der Liefer- bzw. Absatzbasis.

> Beachten Sie, dass das mit den vier Strategiealternativen verbundene unternehmerische Risiko sehr unterschiedlich zu bewerten ist. Die Chancen, Synergieeffekte zu erzielen, werden von der Marktdurchdringung über die Markt- bzw. Produktentwicklung bis hin zur Diversifikation immer geringer, d.h. das Risiko nimmt entsprechend zu.

# Welche Maßnahmen Sie ergreifen können

## Maßnahmen zur Marktdurchdringung

- Sie können die Verwendungsrate bei den eigenen Kunden erhöhen (z.B. durch Preissenkungen, Vergrößerungen der

Einkaufseinheiten wie z. B. Verpackungsgrößen oder auch durch die künstliche Veralterung von Produkten).

- Sie können Kunden der Wettbewerber abwerben (z. B. durch eine Steigerung der eigenen Marketingaktivitäten).
- Sie können latenten Bedarf wecken, indem bisherige Verbraucher verstärkt angesprochen werden (z. B. durch gezielte Werbung, das Anbieten von Proben, geringfügige Produktmodifikationen).

## Maßnahmen zur Marktentwicklung

- Sie können zusätzliches Absatzpotenzial auf neuen Märkten abschöpfen (regional, national oder international).
- Sie können auch über eine gezielte Funktionsausweitung in Zusatzmärkte eindringen; im Mittelpunkt steht dabei die Suche nach neuen Anwendungsbereichen bzw. Einsatzfeldern für ein bestehendes Produkt.
- Durch Variation der vorhandenen Produkte lassen sich neue Kundengruppen ansprechen: Dabei muss durch die Produktvariation ein Angebot für spezielle Kundengruppen entstehen.

## Maßnahmen zur Produktentwicklung bzw. -innovation

Wenn Sie Produkte neu entwickeln bzw. verbessern wollen, bieten sich verschiedene Möglichkeiten an:

- „echte Innovationen" entwickeln, d. h. Marktneuheiten, die es ursprünglich nicht gab (z. B. Sofortbild-Kamera),

- quasineue Produkte, die an bestehende Produkte anknüpfen, auf den Markt bringen (z. B. Klappfahrrad),
- „Me-too-Produkte", die lediglich für das jeweilige Unternehmen eine Innovation darstellen und sich nur wenig von anderen, bereits am Markt befindlichen Varianten unterscheiden, auf den Markt bringen.

### Maßnahmen zur Diversifikation

Mit Maßnahmen zur Diversifikation weiten Sie das Sortiment um bedarfsverwandte oder sonstige Produkte und Leistungen aus, die in keinem Zusammenhang mit dem bisherigen Betätigungsfeld des Unternehmens stehen.

## Wie wird die Strategie durch den Lebenszyklus bestimmt?

Das Lebenszykluskonzept geht davon aus, dass die Absatzentwicklung von Produkten im Lauf ihrer Marktpräsenz einem ganz bestimmten Verlauf folgt. Ähnlich dem biologischen Gesetz des Werdens und Vergehens wird bei Produkten davon ausgegangen, dass sie entwickelt werden, auf den Markt kommen, verkauft werden und nach einer Zeit wieder vom Markt verdrängt werden.

> Produkte durchlaufen während ihres Lebens bestimmte Phasen, die durch das Lebenszykluskonzept beschrieben werden. Die Dauer der Phasen kann je nach Produkt nur ein paar Monate, Jahre oder auch Jahrzehnte dauern.

| Die typischen Phasen eines Lebenszyklus | |
|---|---|
| 1 | Einführung |
| 2 | Wachstum |
| 3 | Reife |
| 4 | Sättigung und Degeneration |

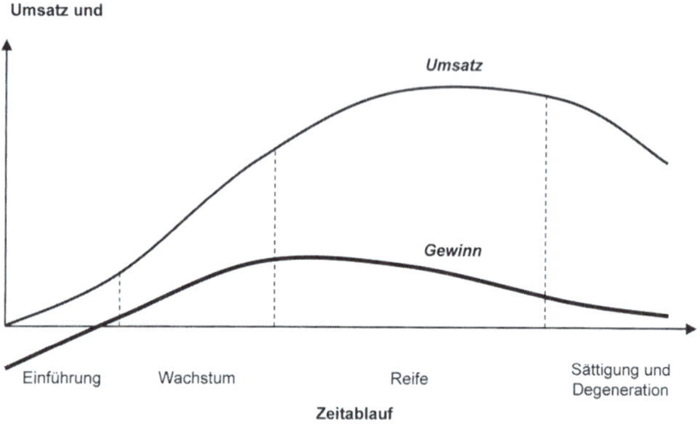


*Phasen des Lebenszyklus*

# Was die einzelnen Phasen beinhalten

## Entscheidend – die Einführungsphase

Die Einführungsphase ist der eigentliche Lebensbeginn eines Produkts. In dieser Phase entscheidet sich, ob es vom Markt akzeptiert wird oder nicht. Dies ist besonders von der Neuigkeit des Produkts abhängig, von der Übereinstimmung mit

Kundenbedürfnissen und davon, ob es bereits gleichwertige Produkte gibt. In dieser Phase sind hohe Marktinvestitionen notwendig. Mithilfe von Werbung und Verkaufsförderung muss das Produkt am Markt bekannt gemacht werden. Der Absatz steigt in dieser Phase nur langsam.

## Wachstumsphase – der Markt belebt sich

In der Wachstumsphase wirken die Investitionen der Einführungsphase. Das Produkt ist bekannt und im Markt akzeptiert. Der Absatz steigt überproportional. Der Erfolg des Produkts lockt aber auch Konkurrenten mit Nachahmungen auf den Markt. Diese verändern meistens das Produkt in der Qualität, in technischen Merkmalen oder im Preis und gewinnen so neue Käuferschichten. Es tritt eine Stabilisierung des überproportionalen Umsatzwachstums ein.

## Reifephase – noch steigt das Absatzvolumen

In der Reifephase nimmt das Absatzvolumen zwar noch zu, aber die Zuwachsraten verringern sich. Der Wettbewerbsdruck wird stärker. Es ist die Phase der gezielten Marktpflege, um das Absatzwachstum zu verlängern. Am Ende der Reifephase hören die absoluten Umsatzzuwächse auf.

## Das Produkt läuft aus in der Sättigungs- und Degenerationsphase

Die absolute Umsatzsteigerung kommt zum Stillstand. Durch gezielte Produktverbesserungen und entsprechende Kommunikation wird häufig in dieser Phase noch versucht, das Leben des Produkts zu verlängern. Doch technische Fortschritte, wirtschaftliche Neuerungen oder neue Modeerscheinungen führen dazu, dass der Absatzrückgang nicht mehr aufzuhalten ist. Daher wird das Produkt vom Markt genommen.

## Welche strategischen Fragen Sie sich in den Phasen stellen sollten

- **Einführungsphase:** Mit welcher Stärke soll der Markteintritt vorgenommen werden? Soll ein relativ enges oder breites Marktsegment anvisiert werden?
- **Wachstumsphase:** In welchem Ausmaß soll die zuvor für das Produkt errichtete Marktposition gefestigt und verstärkt werden? Soll eine neue Primärnachfrage durch z. B. neue Anwendungen, geographische Ausdehnung oder Hinzufügen verwandter Produktgruppen entwickelt werden?
- **Reifephase:** Welche Alternativen sind für die Verteidigung und den weiteren Ausbau des Marktanteils am zweckmäßigsten? Als Maßnahmen stehen Produktverbesserungen, Ausweitung der Produktlinie, Eindringen in Mitbewerberbereiche oder die Verwendung sekundärer Produkteigenschaften (wie z. B. Service) zur Verfügung.
- **Sättigungs- und Degenerationsphase:** In welcher Form kann bei den etablierten Marktpositionen die harte Wettbewerbskonfrontation am erfolgreichsten durchgestanden werden (z. B. durch Preismaßnahmen)? Ist ein Rückzug bzw. Marktaustritt sinnvoll?

> Obwohl nur wenige Märkte dem typischen Lebenszyklusverlauf folgen, bietet Ihnen das Konzept Anhaltspunkte, was in Zukunft geschehen kann.

# Den Erfahrungskurveneffekt nutzen

Der sogenannte Erfahrungskurveneffekt besagt, dass die realen Stückkosten eines Produkts um einen relativ konstanten Betrag (potenziell 20 bis 30 %) zurückgehen, sobald sich die in kumulierten Produktmengen ausgedrückte Produkterfahrung verdoppelt. Es wird dabei unterstellt, dass alle Möglichkeiten zur Kostensenkung, wie z.B. Lerneffekte, Betriebsund Losgrößendegressionseffekte, Produkt- und Verfahrensinnovationen, konsequent genutzt werden.

### Beispiel: Erfahrungskurveneffekt

Ein Unternehmen beginnt mit einer Pilotproduktion von 50 Mengeneinheiten eines Produktes, die Kosten in Höhe von 10 EUR pro Mengeneinheit verursacht. Die Produktionsmenge steigt im folgenden Jahr auf 60 Mengeneinheiten. Bei einer unterstellten Lernrate von 30 % und einer kumulierten Produktionsmenge von 110 Mengeneinheiten sind am Ende des zweiten Jahres die Stückkosten auf 6,66 EUR pro Mengeneinheit gesunken.

## Welche strategischen Ansatzpunkte der Effekt der Erfahrungskurve liefert

- Der Marktanteil ist auszubauen, da unter der Voraussetzung, dass die kumulierte Produktionsmenge und der Marktanteil positiv korrelieren, ein Unternehmen mit höherem Marktanteil grundsätzlich ein größeres Potenzial für Kostensenkung besitzt.
- Märkte mit Wachstum sind zu bevorzugen, da sich auf einem wachsenden Markt relativ einfach die kumulierte Produktionsmenge verdoppeln lässt, während es auf stag-

nierendem oder schrumpfendem Markt sehr schwierig ist, den Erfahrungs- und damit Kostenvorsprung der bisherigen Marktführer aufzuholen. Hier geht der eigene Umsatzzuwachs direkt zulasten der Mitbewerber, während eine Vergrößerung des Marktanteils in wachsenden Märkten nicht zwangsläufig zu einem Umsatzrückgang der Konkurrenten führt.

- Wird die Gewinnschwelle erreicht, gilt es die Preisstrategie zu prüfen. Liegen die Preise über längere Zeit deutlich über den Stückkosten, verführt der entstehende „Preisschirm" in der Regel Konkurrenten in Erwartung hoher Gewinne zu Marktaktivitäten und Kapazitätsausweitung. Es kann zu Preiskämpfen als Folge eines Kapazitätsüberhangs kommen.

# Strategien entwickeln mit der Portfolio-Analyse

## Wie ausgewogen sind Ihre Geschäftseinheiten?

Bei der Portfolio-Analyse wird ein Unternehmen als eine Gesamtheit (Portfolio) von sogenannten strategischen Geschäftseinheiten (SGE) aufgefasst.

> SGE werden durch folgende Kennzeichen definiert: weitgehende Unabhängigkeit von anderen Tätigkeitsfeldern des Unternehmens, eigenständige, kundenbezogene Marktaufgabe, gegenüber anderen SGE klar abgrenzbare Produkte bzw. Produktgruppen, eindeutig bestimmbarer Kreis von Wettbewerbern.

Der Vorteil des Portfolio-Ansatzes besteht darin, dass ein relativ komplizierter Sachverhalt auf zwei wesentliche Kernaussagen reduziert wird. Dadurch können komplexe Zusammenhänge einfach und verständlich präsentiert werden. So können Sie viele unterschiedliche SGE zu einigen wenigen, aber homogenen strategischen Kategorien zusammenfassen. Dies verschafft eine Übersichtlichkeit, die zwar eine grobe, doch meist aussagekräftige Analyse über die strategische Ausgangssituation und eine Orientierung auf die wesentlichen kritischen Fragen erlaubt.

In der Praxis finden Sie eine Reihe unterschiedlicher Portfolio-Konzepte. Bedeutung haben das Marktanteil-Portfolio und das Marktattraktivität-Wettbewerbsvorteil-Portfolio.

## Marktwachstum-Marktanteil-Portfolio

In dieser Konzeption werden die SGE in einer Vier-Felder-Matrix an Hand der Faktoren

- relativer Marktanteil und
- Marktwachstum

abgebildet (siehe folgende Grafik). Aufgrund der Erfahrungskurveneffekte hat der relative Marktanteil in diesem Konzept eine besonders große Bedeutung. Mit steigendem Marktanteil sinken nämlich die potenziellen Stückkosten. Damit erhöht sich konsequenterweise der potenzielle Gewinn. Jedes Unternehmen sollte versuchen, einen hohen relativen Marktanteil zu erringen, da die Wettbewerbsposition verbessert wird und die Ertragskraft des Unternehmens steigt.

## So legen Sie die Portfolio-Kategorien fest

Der relative Marktanteil wird folgendermaßen definiert:

$$\text{relativer Marktanteil} = \frac{\text{Marktanteil des Unternehmens x 100}}{\text{Marktanteil des Marktführers}}$$

Das Marktwachstum kann im Vergleich zum durchschnittlichen Wachstum des Bruttosozialprodukts angegeben werden; Sie können es aber auch nach pragmatischen Gesichtspunkten festlegen. Es geht nicht um die exakte Ermittlung, sondern eher um eine Tendenzaussage. Das Marktwachstum können Sie mithilfe der folgenden Formel ermitteln:

$$\text{Marktwachstum} = \frac{\text{Marktvolumen im Planungszeitraum x 100}}{\text{Marktvolumen im Vorjahr}}$$

## Grafische Darstellung des Portfolios

In einem nächsten Schritt werden die Faktoren relativer Marktanteil und Marktwachstum einander gegenübergestellt. Der relative Marktanteil wird auf der x-Achse, das Marktwachstum auf der y-Achse abgetragen. So entsteht eine Matrix mit vier strategischen Geschäftsfeldern, in die Sie die einzelnen SGE dann einordnen können:

- hohes Marktwachstum/niedriger Marktanteil *(question marks)*
- hohes Marktwachstum/hoher Marktanteil *(stars)*
- niedriges Marktwachstum/hoher Marktanteil *(cash cows)*
- niedriges Marktwachstum/niedriger Marktanteil *(dogs*

Die unterschiedliche Bedeutung der einzelnen SGE können Sie etwa am Umsatz oder am Deckungsbeitrag messen. Grafisch können Sie das veranschaulichen, wenn Sie verschieden große Kreise verwenden. Damit wird auch eine mögliche Unausgewogenheit der einzelnen Geschäftsfelder in Ihrem Unternehmen optisch besser erkennbar.

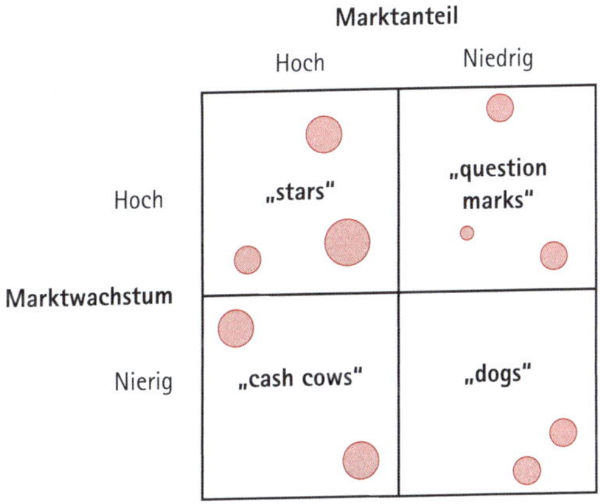


*Marktwachstum-Marktanteil-Portfolio*

## Questions marks

Diese SGE, die auch als Nachwuchsprodukte bezeichnet werden, stehen noch in der Einführungsphase des Lebenszyklus. Sie versprechen ein starkes Wachstum, weisen aber erst einen geringen Marktanteil auf.

## Stars

Diese Geschäftseinheiten befinden sich in der Wachstumsphase des Produktlebenszyklus und bringen im Allgemeinen Gewinne hervor, die aber zur Sicherung und weiteren Verbesserung ihrer eigenen Marktposition wieder investiert werden müssen. Bei einem verlangsamten Wachstum oder bei Stagnation des Absatzes werden stars zu cash cows.

## Cash cows

Im Lebenszyklus haben diese Produkte die Reifephase erreicht. Aufgrund ihres Marktanteils profitieren sie von Kostenvorteilen. Mit den von ihnen erwirtschafteten Mitteln kann das Wachstum anderer SGE mitfinanziert werden.

## Dogs

Diese SGE befinden sich in der Sättigungs- bzw. Degenerationsphase. Sie verfügen weder über einen hohen Marktanteil noch finden sie sich in Wachstumsmärkten. Soweit sie noch Gewinne abwerfen, empfiehlt es sich, diese in question marks oder stars zu investieren. Sobald die SGE jedoch in die Verlustzone abgleiten, sollten Sie über Desinvestitionen und ihre Entfernung aus dem Portfolio nachdenken.

### Checkliste: Strategieempfehlungen für Portfolio-Kategorien

- Bei den *question marks* sollten Sie den Marktanteil selektiv abbauen bzw. aufbauen. Der Investitionsaufwand ist hoch (Erweiterungsinvestition oder Verkauf), das mit der Strategie verbundene Risiko ist zu prüfen.
- Bei den *stars* empfiehlt es sich, den Marktanteil zu halten bzw. leicht auszubauen. Der Investitionsaufwand ist hoch (Reinvestition des Netto-Cashflows). Das mit der Strategie verbundene Risiko ist zu akzeptieren.
- Bei den *cash cows* sollte der Marktanteil gehalten bzw. leicht ausgebaut werden. Der Investitionsaufwand ist gering (ausschließlich Rationalisierungs- und Ersatzinvestitionen). Das mit der Strategie verbundene Risiko ist einzuschränken.
- Bei den *dogs* ist der Marktanteil abzubauen. Der Investitionsaufwand ist minimal (bei Gelegenheit Verkauf von Anlagen, möglicherweise Stilllegung). Das mit der Strategie verbundene Risiko ist stark zu reduzieren.

## Marktattraktivität-Wettbewerbsvorteil-Portfolio

Das Marktattraktivität-Wettbewerbsvorteil-Portfolio unterscheidet sich formal vom Marktwachstum-Marktanteil-Portfolio durch eine differenziertere Unterteilung und inhaltlich durch den Austausch der Faktoren Marktwachstum und Marktanteil durch Marktattraktivität und Wettbewerbsvorteil.

## So legen Sie die Portfoliokategorien fest

Die Beurteilung der Marktattraktivität und die relativen Wettbewerbsvorteile einzelner SGE können Sie anhand von Kriterienlisten feststellen (siehe folgende Tabellen).

Zunächst müssen Sie die Bewertungskriterien für die Markttattraktivität und die relativen Wettbewerbsvorteile (im Vergleich zum stärksten Wettbewerber) hinsichtlich ihrer Bedeutung gewichten. Gewichtungen, die sich auf 1 summieren, erleichtern die weiteren Berechnungen. Diesen Gewichtungen werden Koeffizienten gegenübergestellt – von 0,1 bis 1,0 –, aus denen hervorgeht, wie stark die Kriterien ausgeprägt sind. Auf dieser Basis lässt sich für jede SGE ein Indexwert für die Marktattraktivität und einer für den relativen Wettbewerbsvorteil berechnen (siehe rot eingefärbtes Feld in den Tabellen).

## Tabelle: Kriterien zur Beurteilung der Marktattraktivität

| Kriterien<br>(1) | Gew.<br>(2) | Koeffizienten<br>0 0,1 0,2 ... 0,8 0,9 1<br>(3) | Index<br>(2) × (3) |
|---|---|---|---|
| **(1) Marktwachstum/Marktgröße** | | | |
| **(2) Marktqualität** | | | |
| – Rentabilität der Branche | | | |
| – Spielraum für die Preispolitik | | | |
| – Technologisches Niveau | | | |
| – Schutzfähigkeit d. Know-how | | | |
| – Investitionsintensität | | | |
| – Wettbewerbsintensität/-struktur | | | |
| – Anzahl/Struktur pot. Abnehmer | | | |
| – Eintrittsbarrieren | | | |
| – Anforderung an Distribution | | | |
| – Variabilität d. Wettbewerbsbed. | | | |
| – Substitutionsmöglichkeiten | | | |
| **(3) Energie/Rohstoffversorgung** | | | |
| – Störanfälligkeit d. Versorgung | | | |
| – Beeinträchtigung d. Wirtschaftichkeit durch Preiserhöhungen | | | |
| – Existenz von Alternativen | | | |
| **(4) Umweltsituation** | | | |
| – Konjunkturabhängigkeit | | | |
| – Inflationsauswirkungen | | | |
| – Abhängigkeit v. Gesetzgebung | | | |
| – Abhängigkeit v. Öffentlichkeit | | | |
| – Risiko staatlicher Eingriffe | | | |
| – Schadstoffbelastung der Natur | | | |
| **Summe** | 1,0 | | |

## Tabelle: Kriterien zur Beurteilung der relativen Wettbewerbsvorteile

| Kriterien (1) | Gew. (2) | Koeffizienten 0 0,1 0,2 ... 0,8 0,9 1 (3) | Index (2) × (3) |
|---|---|---|---|
| **(1) Rel. Marktposition** | | | |
| - Marktanteil | | | |
| - Größe u. Finanzkraft | | | |
| - Wachstumsrate | | | |
| - Rentabilität | | | |
| - Risiko | | | |
| - Marketingpotenzial | | | |
| **(2) Rel. Produktionspotenzial** | | | |
| - Prozesswirtschaftlichkeit | | | |
| - Kostenvorteile | | | |
| - Innovationsfähigkeit | | | |
| - Lizenzbeziehungen | | | |
| - Anpassungsfähigkeit | | | |
| - Marktanteilserhalt b. Kapazität | | | |
| - Standortvorteile | | | |
| - pot. Steigerung d. Produktivität | | | |
| - umweltfreundl. Produktion | | | |
| - Lieferbedingungen | | | |
| - Marktanteilserhalt bei geg. Versorgungsbedingungen | | | |
| - Kostensituation bei Energie- und Rohstoffversorgung | | | |
| **(3) Relatives F&E-Potenzial** | | | |
| - Stand der Forschung | | | |
| - Entwicklung im Vergleich zur Marktposition | | | |
| - Innovationspotenzial | | | |

| Kriterien<br>(1) | Gew.<br>(2) | Koeffizienten<br>0 0,1 0,2 ... 0,8 0,9 1<br>(3) | Index<br>(2) × (3) |
|---|---|---|---|
| **(4) Rel. Mitarbeiterqualifikation** | | | |
| – Professionalität und Kultur | | | |
| – Innovationsklima | | | |
| – Qualität der Führungssysteme | | | |
| **Summe** | **1,0** | | |

Anhand der berechneten Indexwerte müssen Sie anschließend die einzelnen SGE in das Portfolio eintragen. Dann können Sie nach folgender Skala sowohl die Marktattraktivität als auch den relativen Wettbewerbsvorteil der jeweiligen SGE bewerten:

0 bis 0,4 = niedrig | 0,41 bis 0,75 = mittel | 0,76 bis 1,0 = hoch

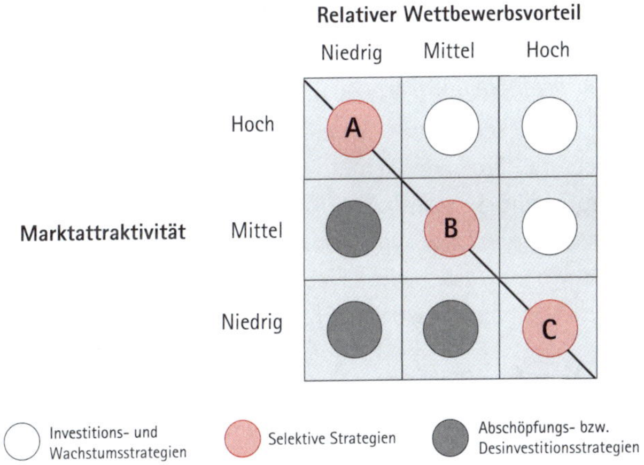


*Marktattraktivität-Wettbewerbsvorteil-Portfolio*

# Welche Strategieempfehlungen können Sie ableiten?

## Investitions- und Wachstumsstrategien

Investitions- und Wachstumsstrategien sind für SGE zu empfehlen, deren Marktattraktivität und relative Wettbewerbsvorteile jeweils als mittel oder hoch qualifiziert werden. Denn damit diese Geschäftsfelder abgesichert und ihre relativen Wettbewerbsvorteile erhalten werden können, erfordern sie mehr finanzielle Ressourcen, als sie selbst in Form von Deckungsbeiträgen hervorbringen können. Die Cashflow-Bilanz ist daher in der Regel negativ.

## Abschöpfungs- bzw. Desinvestitionsstrategien

Abschöpfungs- bzw. Desinvestitionsstrategien empfehlen sich für SGE in Positionen mit kleinen bis mittleren Wettbewerbsvorteilen, die keine hohen zukünftigen Gewinnchancen aufweisen. Das bedeutet: Wenn unter Ausnutzung aller Rationalisierungsreserven und Synergieeffekte in Produktion und Vertrieb die Produkte keinen positiven Cashflow erzielen, sollten Sie die SGE abstoßen (Desinvestitionsstrategie). Sind die Deckungsbeiträge positiv, sollte versucht werden, den Cashflow ohne zusätzlichen Einsatz von Ressourcen zu maximieren (Abschöpfungsstrategie).

## Selektive Strategien

Je nach Position der SGE in der Diagonalen der Neun-Felder-Matrix des Marktattraktivität-Wettbewerbsvorteil-Portfolios sind selektiv folgende Strategien zu empfehlen.

A **Offensivstrategie:** Naheliegend für SGE mit einer hohen Marktattraktivität, aber niedrigem relativen Wettbewerbsvorteil. Es muss Ihnen gelingen, einen relativen Wettbewerbsvorteil gegenüber Ihrem stärksten Konkurrenten aufzubauen, z.B. durch Produktoder Verfahrensinnovationen oder Standortanpassungen.

B **Übergangsstrategie:** Sie müssen versuchen eine horizontale Positionsänderung ohne großen Ressourceneinsatz herbeizuführen und abwarten, wie sich die Marktattraktivität verschiebt.

C **Defensivstrategie:** Für SGE mit einer geringen Marktattraktivität, aber hohem relativem Wettbewerbsvorteil ist demgegenüber eine Defensivstrategie zu empfehlen. Sie müssen dabei versuchen die relativen Wettbewerbsvorteile zu halten, Konkurrenten abzuhalten, in das Marktsegment einzutreten und den Cashflow zu maximieren.

# Strategien planen auf Basis der Wettbewerbsmatrix

## Eine starke Position in der Branche anstreben

Die Wettbewerbsstrategie ist Antwort auf eine Entwicklung in den späten 70er-Jahren, als viele Wirtschaftszweige mit einem geringer werdenden Wachstum oder gar Stagnation konfrontiert waren. In einer derartigen Situation gewinnen die Wettbewerbskräfte des Markts, also die Konkurrenz, zunehmend an Bedeutung. Daher gelten die Überlegungen zur Wettbewerbsmatrix auch stets für eine Branche, z. B. Reifen, Papier oder Stahl. Mithilfe dieses Instruments können Sie Ihre Stellung in der Branche ausmachen und Strategien entwickeln, wie Sie Ihren Mitbewerbern gegenüber einen Vorsprung erzielen können.

In jeder Branche gibt es fünf Triebkräfte des Wettbewerbs, die den Absatzerfolg mitbestimmen:

- die Konkurrenten,
- nachfragemächtige Abnehmer,
- potente Lieferanten,
- neue Wettbewerber,
- Ersatzprodukte.

Wenn ein Unternehmen einen höheren Ertrag auf das investierte Kapital erzielen will als seine Konkurrenten, muss es im Wettbewerb eine starke Position in der Branche erringen. Die drei entscheidenden Erfolgsfaktoren dafür sind:

- die Kosten bei Herstellung und Vertrieb,
- der Nutzen bzw. die Einmaligkeit des Produkts oder der Leistung aus der Sicht der Käufer,
- das Ausmaß der Marktbearbeitung, d. h. eine branchenweite Marktbearbeitung oder die Beschränkung auf ein Segment.

Diese Faktoren können Sie in der Wettbewerbsmatrix veranschaulichen. Die Position Ihres Unternehmens in der Matrix legt Ihnen dann bestimmte Strategiealternativen nahe.

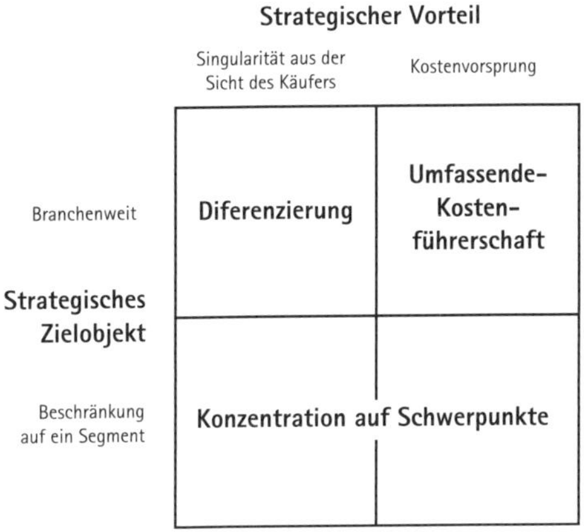


*Wettbewerbsmatrix*

# Welche Strategiealternativen Sie haben

Aus der Wettbewerbsmatrix lassen sich drei grundlegende Strategiealternativen ableiten:

1. eine umfassende Kostenführerschaft anstreben,
2. sich vom Wettbewerb differenzieren,
3. sich auf Schwerpunkte konzentrieren.

## 1 Mit umfassender Kostenführerschaft einen Vorsprung erzielen

Ziel dieser Strategie ist, dass das Unternehmen durch primär kostenorientiertes Denken und Handeln seinen Leistungsvorsprung aufbaut bzw. verteidigt. Ein Kostenvorsprung innerhalb Ihrer Branche kann mehr und mehr zum Wettbewerbsvorteil werden, weil Sie dadurch eine Preispolitik verfolgen können, die immer mehr Kunden von der Konkurrenz abzieht. Kostenführerschaft und Preisführerschaft stehen dabei in einem engen Verhältnis.

**Beispiel:**

Ein Musterbeispiel für die Strategie der umfassenden Kostenführerschaft im Handel ist die Kette ALDI mit ihrem ausgedehntem Netz von Discountfilialen und ihrer Niedrigpreispolitik.

## 2 Sich durch Differenzierung abheben

Die Strategie der Differenzierung besteht darin, das eigene Produkt bzw. die eigene Dienstleistung von den Angeboten der Konkurrenten abzuheben und somit etwas in der ganzen Branche Einzigartiges zu schaffen. Diese Besonderheit Ihrer Leistung gewährt Ihnen Schutz vor den Konkurrenten. Diese Einzigartigkeit muss sich allerdings auch auf etwas beziehen, was den Kunden als wertvoll und nützlich erscheint.

Der Kundennutzen kann z. B. sein:

- ein Produkt mit besseren Produkteigenschaften,
- ein Produkt, das das Bewusstsein gibt, kein Risiko eingegangen zu sein.

Kurz: Es kann alles sein, was in Bezug auf das Produkt oder die Dienstleistung bei der Auswahl, bei der Kaufentscheidung und dem Gebrauch für den Kunden von Vorteil ist.

## 3 Durch die Konzentration auf Schwerpunkte Nischen besetzen

Diese Strategie bedeutet, dass Sie die Marktbearbeitung gezielt auf eine oder mehrere Nischen beschränken. In diesen Nischen können Sie dann eine umfassende Kostenführerschaft oder eine Differenzierung oder beides zusammen anstreben.

Derartige Nischen können z. B. ausgewählte Abnehmergruppen bzw. Zielgruppen sein. So können Sie versuchen, eine bestimmte Gruppe von Kunden für sich zu gewinnen bzw. sie von einer Abwanderung zur Konkurrenz abzuhalten, indem Sie in dieser Nachfragegruppe die Vorstellung erzeugen, dass das eigene Unternehmen einen Wettbewerbsvorteil gegenüber anderen Unternehmen besitzt.

**Beispiel:**

IKEA ist ein bekanntes Beispiel für eine Firma, die mit einem neuartigen, aber klar umrissenen Zielgruppenkonzept sehr erfolgreich ist.

Diese Strategie birgt neben Vorteilen aber auch Risiken:

- Die Preisunterschiede zwischen Produkten von spezialisierten Unternehmen und Anbietern, die den Gesamtmarkt bearbeiten, können so groß werden, dass die Vorteile des Nischenprodukts aus Sicht der Kunden den höheren Preis nicht mehr rechtfertigen.

- Es besteht stets die Gefahr, dass sich die Unterschiede zwischen den Wünschen des Gesamtmarkts und jenen des Teilmarkts verringern.
- Konkurrenten können innerhalb der Marktnische weitere Untermärkte finden und sich noch stärker spezialisieren.

## Auf was Sie bei den Wettbewerbsstrategien achten sollten

Die Strategie der umfassenden Kostenführerschaft sollten Sie nur einsetzen, wenn folgende Voraussetzungen im Unternehmen erfüllt sind:

Nach dem Erfahrungskurveneffekt ist ein hoher Marktanteil erforderlich oder Sie haben andere erhebliche Vorteile wie z. B. einen günstigen Zugang zu Rohstoffen.

- Sie können Produktionsanlagen mit einer effizienten Größe aufbauen.
- Verschiedene Möglichkeiten, die Kosten zu senken, werden in Ihrem Unternehmen ausgenutzt, z. B. Vermeidung von Direktbelieferungen kleiner Kunden, Senkung der Ausgaben für Forschung und Entwicklung, Außendienst oder Werbung.

Die Differenzierungsstrategie einzusetzen erfordert

- einen sehr guten Ruf des Unternehmens,
- (kostenintensive) Maßnahmen, wie ausgedehnte Forschung, ansprechendes Produktdesign, die Verwendung von Materialien hoher Qualität oder intensive Kundenbetreuung.

# Mit taktischer Marketingplanung gewinnen

Erfolgreiches Marketing beinhaltet nicht nur die passenden Strategien, sondern vor allem die richtige Taktik. Dazu müssen Sie für die Produkte oder Leistungen Ihres Unternehmens einen sinnvollen Marketingmix entwickeln. Das bedeutet, dass Sie in Ihrer Planung alle absatzpolitischen Maßnahmen optimal aufeinander und auf die Situation des Markts abstimmen müssen. Ziel einer taktischen Marketingplanung ist es also, die bestmögliche Kombination von Maßnahmen und Entscheidungen in der Produktpolitik, der Vertriebspolitik, der Werbung und Preispolitik zu finden.

In diesem Kapitel erfahren Sie

- was Sie bei der Produktpolitik beachten sollten,
- welche Entscheidungen bei Absatzwegen und Logistik zu treffen sind,
- wie Sie Ihre Kommunikationspolitik gestalten sollten,
- wie Sie Online-Marketing optimal einsetzen und
- was bei der Preispolitik zu beachten ist.

# Die richtige Produktpolitik betreiben

## Was bedeutet Produktpolitik?

Die Produktpolitik umfasst alle Aktivitäten, die sich auf die kunden- und marktgerechte Gestaltung der Produkte bzw. auf die Ausgestaltung des Sortiments eines Unternehmens beziehen.

Dabei geht es um Neuentwicklung, Variation, Eliminierung von Produkten, um programmpolitische Entscheidungen sowie um die Servicepolitik.

> Ein Produkt bzw. eine Leistung ist all das, was ein Unternehmen einem Markt zum Kaufen oder Konsumieren anbietet. Das können konkrete Gegenstände, Dienstleistungen, Personen, Orte, Organisationen oder auch Ideen sein. Der Produktmix oder das Sortiment bezeichnet die Gesamtheit aller Artikel, die ein Hersteller zum Verkauf anbietet.

## Beginnen Sie mit einer Produkt- und Sortimentsanalyse

Jedes Produkt und Produktprogramm ist ständigen Umwelt- und Marktveränderungen ausgesetzt. Ein Unternehmen muss versuchen seine Produkte diesen Änderungen bestmöglich anzupassen. Hieraus ergibt sich die Kernfrage der Produktpolitik, ob, wann und in welchem Ausmaß Produktanpassungen vorzunehmen sind oder sich neue Marktchancen ergeben.

Führen Sie deshalb zuerst eine systematische Analyse Ihrer Produkte durch. Beginnen Sie mit der Bestimmung der Lebenszyklen Ihrer Produkte.

## Was der Produktlebenszyklus aussagt

Im Rahmen der Produktpolitik sollten Sie zuerst die jeweilige Phase Ihrer Produkte ermitteln (siehe dazu das Instrument der Lebenszykluskurve im Abschnitt „Wie wird die Strategie durch den Lebenszyklus bestimmt?"). Damit können Sie den weiteren Absatzverlauf Ihrer Produkte abschätzen. In den einzelnen Phasen können Sie dann gezielt Marketinginstrumente – insbesondere der Produktpolitik – einsetzen.

Berücksichtigen Sie aber, dass der Produktlebenszyklus nur beschreibenden Charakter hat. Er kann Ihnen keine Empfehlungen über den richtigen Einsatz der Marketinginstrumente geben.

## Wie Sie eine Sortimentsanalyse durchführen

Jedes Unternehmen muss wissen, wie sein Sortiment im Vergleich zur Konkurrenz steht. Mithilfe einer Sortimentsanalyse können Sie Informationen über Ihre gesamte Produktpalette ermitteln. Sie kann Ihnen Auskunft über das langfristige Wachstum Ihres Sortiments geben. Auf Basis dieser Informationen können Sie dann Entscheidungen über eine Sortimentserweiterung oder -eliminierung treffen.

Zur Sortimentsanalyse gehören: die Umsatzstruktur und das Umsatz-Gewinn-Verhältnis, die Kundenstruktur, die Deckungsbeiträge.

## 1 Beginnen Sie mit der Umsatzstruktur

Die Umsatzstruktur gibt an, wie sich der Gesamtumsatz eines Unternehmens auf die einzelnen Produkte bzw. Produktgruppen verteilt.

Ein erstes Instrument hierfür ist das **Umsatzprofil**. Dafür müssen Sie die Anteile der Produkte am Gesamtumsatz in eine Reihenfolge bringen. Diese Anteile werden dann den einzelnen Produktprogrammen zugeordnet.

Beginnen Sie mit dem Produkt, das den größten Umsatzanteil aufweist. Danach ermitteln Sie den Anteil der Programme an der gesamten Produktionskapazität pro Periode (z.B. pro Geschäftsjahr). Den einzelnen Programmanteilen stellen Sie dann den Anteil an der Produktionskapazität gegenüber, was Sie in einem Koordinatensystem grafisch veranschaulichen können.

Die Umsatzprofilanalyse gibt Ihnen einen groben Einblick in die Verteilung der Produktionskapazitäten auf einzelne Produktprogramme. Ist mit starken Umsatzrückgängen zu rechnen, so können Sie die Auswirkung auf die Produktionskapazität abschätzen.

### Beispiel: Umsatzprofil eines Sortiments

Aus der folgenden Abbildung ist zu erkennen, dass das Unternehmen drei Programme hat. Das erste Programm macht 30 % des Gesamtumsatzes aus, beansprucht aber 50 % der Produktionskapazität.

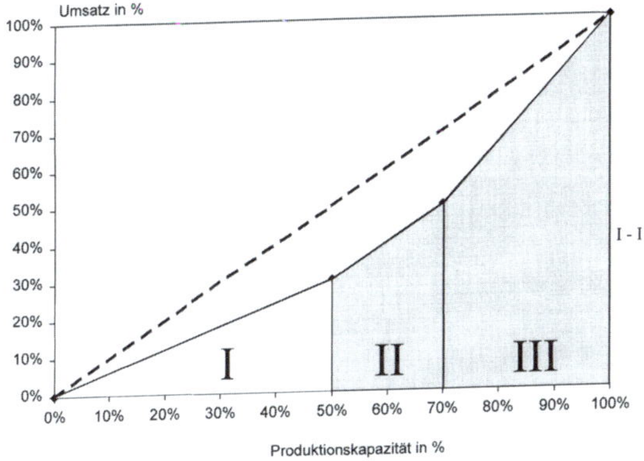


## 2 Stellen Sie den Umsatz eines Produkts seinem Gewinn gegenüber

### Beispiel: Umsatz-Gewinn-Verhältnis

Die Abbildung zeigt, dass das zweite Produktprogramm 50 % des Umsatzes und 40 % des Gewinns ausmacht. Bei diesem Programm muss besonders auf Auswirkungen von Konkurrenzaktivitäten geachtet werden. Beim vierten Programm ist zu überlegen, ob es nicht aus dem Sortiment genommen werden sollte.

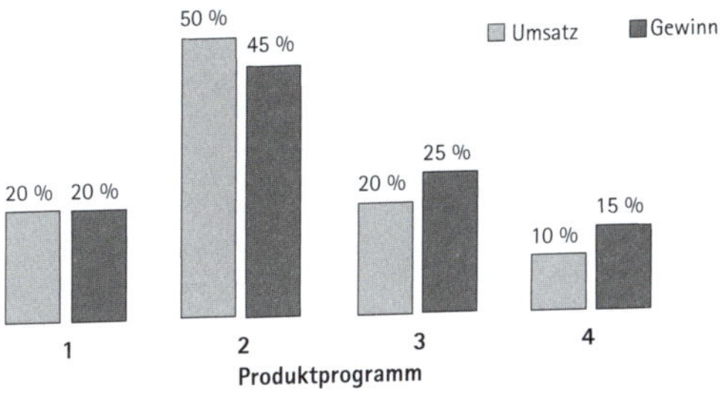

## 3 Schauen Sie sich die Umsatzverteilung Ihrer Kunden an (Kundenprofil)

Mithilfe eines Kundenprofils können Sie sich deutlich machen, wie sich der Umsatz auf die Kunden verteilt. Dadurch lässt sich die Abhängigkeit von einzelnen Kunden erkennen und Sie können mögliche Wirkungen auf Umsatz und Gewinn vorhersagen, wenn der Kunde verloren geht.

In einem Kundenprofil wird die Anzahl der Kunden dem prozentualen Anteil am Umsatz gegenübergestellt und in einem Koordinatensystem grafisch festgehalten.

### Beispiel: Kundenprofil

Aus der nachfolgenden Abbildung wird deutlich, dass mit zehn von 120 Kunden 50 % des Umsatzes realisiert wird. Der Verlust eines dieser zehn Kunden hätte gravierende Wirkungen auf den Umsatz und den Gewinn.

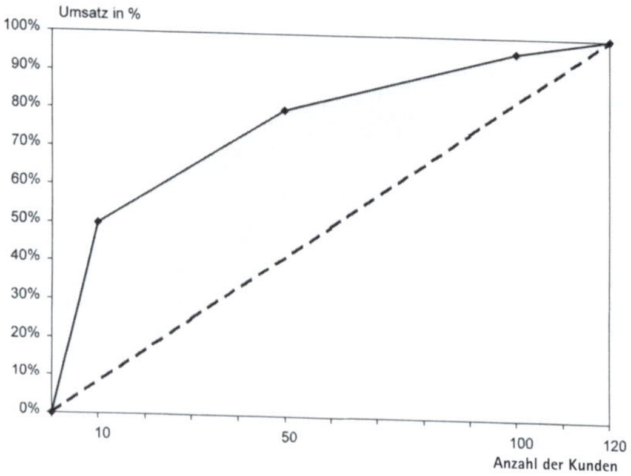

## 4 Ermitteln Sie die Deckungsbeiträge

Der Deckungsbeitrag gibt die Differenz zwischen Erlös und variablen Kosten an und ist eine wichtige Information für den Erfolg eines Produkts. Deshalb ist die Analyse der Deckungsbeiträge eine wichtige Ergänzung zur Umsatzstrukturanalyse. Dazu erstellen Sie ein **Deckungsbeitragsprofil**, das aus einer Rangfolge der Deckungsbeiträge einzelner Produkte besteht. Geringe Deckungsbeiträge sind Hinweise darauf, das entsprechende Produkt aus dem Sortiment zu nehmen.

### Checkliste: Produkt- und Sortimentsanalyse

1. Ermitteln Sie die Phase des Produktlebenszyklus: Welche Produkte befinden sich in welcher Phase?
2. Schätzen Sie ein: Wie wird sich der weitere Absatzverlauf entwickeln?
3. Erstellen Sie ein Umsatzprofil: Welche Umsätze haben die einzelnen Produkte?
4. Wie verhalten sich jeweils Umsatz und Gewinn der Produkte?
5. Erstellen Sie ein Kundenprofil: Welcher Kunde kauft wie viel?
6. Welche Deckungsbeiträge haben die einzelnen Produkte?

## Was Sie bei der Neuentwicklung von Produkten beachten sollten

Produkte neu zu entwickeln ist elementar, um das Überleben und Wachstum eines Unternehmens zu sichern. Insbesondere vor dem Hintergrund zunehmender Sättigungserscheinungen und des schärfer werdenden Wettbewerbs sollte die Schaffung neuer und erfolgreicher Produkte zur wichtigsten Aktivität bei Ihren produktpolitischen Entscheidungen werden.

Der Überlebenschance eines Neuprodukts steht aber auch eine hohe Fehlentwicklungsrate gegenüber. Die Versagerquote wird im Allgemeinen als sehr hoch eingeschätzt – und zwar oft auf mehr als 70 Prozent! Daher ist es notwendig, dass Sie bei der Planung neuer Produkte sehr sorgfältig vorgehen.

### Wie Sie bei der Planung neuer Produkte vorgehen

Die Planung neuer Produkte dient dazu, Chancen, aber auch Risiken der Produktentwicklung zu ermitteln und gegeneinander abzuwägen.

| Die sechs Schritte der Produktplanung | |
|---|---|
| 1 | Ideenfindung |
| 2 | Ideenbewertung |
| 3 | Analyse |
| 4 | Entwicklung von Prototypen |
| 5 | Tests |
| 6 | Einführung |

## 1 So finden Sie Produktideen

Es bieten sich vier Quellen zur Ideenfindung an:

- interne Ideenquellen wie die Abteilungen Forschung und Entwicklung, Marketing/Verkauf und die Unternehmensleitung sowie das hausinterne Vorschlagswesen;
- Kunden, die sowohl Endabnehmer als auch Einzel- oder Großhändler sein können;
- Konkurrenten, deren Marktneuheiten zu weiteren Innovationsideen führen können;
- Dienstleistungsunternehmen wie Marktforschungsinstitute, Werbeagenturen oder Berater.

Verschiedene systematische Techniken können Ihnen helfen Produktideen zu gewinnen, z.B. Fragenkataloge und Funktionsanalysen. Sie sollten aber auch intuitiv-kreative Verfahren wie z.B. das Brainstorming oder die Synektik einsetzen (mehr darüber erfahren Sie im TaschenGuide *Kreativitätstechniken).*

## 2 So bewerten Sie Ihre Ideen

Bei der Ideenbewertung sollte schon ziemlich früh die Spreu vom Weizen getrennt werden. Sie müssen die Ideen darauf prüfen, ob die Muss- und Sollanforderungen erfüllt werden und Übereinstimmung mit den Marketing- und Unternehmenszielen besteht.

Hierfür hat sich in der Praxis das sogenannte **Punktebewertungsverfahren** bewährt. Bei diesem Verfahren legen Sie Bewertungskriterien fest und gewichten sie hinsichtlich ihrer

Bedeutung. Dann beurteilen Sie die Produktideen danach, inwieweit die Kriterien erfüllt werden. Das Produkt aus Gewichtung und Bewertung ergibt den Brauchbarkeitsindex.

### Punktebewertungsverfahren

| Kriterien (1) | Relative Bedeutung (2) | Bewerungsskala (3) | | | | | Brauchbarkeits-index (4) = (2) × (3) |
|---|---|---|---|---|---|---|---|
| | | 1 | 2 | 3 | 4 | 5 | |
| 1. Neuigkeit | 0,25 | | x | | | | 0,5 |
| 2. Design | 0,1 | | | | x | | 0,4 |
| 3. … | | | | | | | |
| … | | | | | | | |
| … | | | | | | | |
| … | | | | | | | |
| … | | | | | | | |

Bewertungsskala: 1 = sehr gut … 5 = sehr schlecht

Nach dieser Vorabbewertung können Sie mit sogenannten **Konzepttests** bei ausgewählten Auskunftspersonen die Chancen der Idee auf dem Markt überprüfen. Neben einer offenen Gruppendiskussion sollten Sie schriftliche oder mündliche Befragungen mit potenziellen Konsumenten durchführen. Hierbei stehen folgende Fragen im Mittelpunkt:

- Wird die Produktidee akzeptiert, ist sie glaubwürdig?
- Welche Vor- und Nachteile hat die Produktidee aus Konsumentensicht?
- Welche Eigenschaften sind von Bedeutung?
- Welche Zielgruppe ist erkennbar?

## 3 So können Sie Ihre Produktideen analysieren

In der Analysephase geht es um die Ermittlung der Wirtschaftlichkeit des Produkts. In der Praxis hat sich dazu vor allem die Break-Even-Analyse als einfaches Bewertungsmodell durchgesetzt. Diese Analyse ermittelt diejenige Menge von abgesetzten Einheiten, die erforderlich ist, um die Gewinnschwelle zu erreichen, d.h. um die Kosten der Entwicklung, der Produktion und des Verkaufs zu decken (vgl. hierzu auch den TaschenGuide *Controllinginstrumente*).

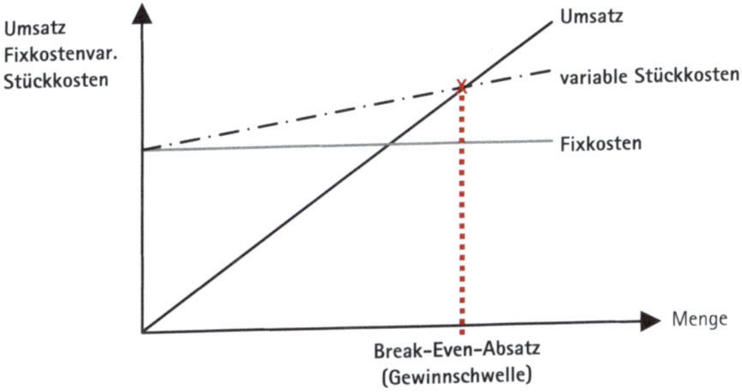


*Break-Even-Absatz*

## 4 Entwickeln Sie Prototypen

Produktideen, die die Analysephase überlebt haben, werden in marktfähige Produkte oder zumindest in Prototypen umgesetzt.

## 5 Führen Sie Markttests durch

Ob die Prototypen in der endgültigen Form von den potenziellen Konsumenten akzeptiert werden und welche Absatzprognosen zu erwarten sind, erfahren Sie, indem Sie die Urteile von Marktexperten einholen und außerdem umfangreiche Konsumentenbefragungen durchführen. Sie erlangen Angaben über die wahrgenommene Produktleistung, die Marktpositionierung, das Konkurrenzumfeld, die Vorlieben der Konsumenten und deren Kaufabsichten sowie Preisbereitschaften. Führen Sie in einem begrenzten Markt auch den probeweisen Verkauf der Produktinnovation durch, um genauere Absatzprognosen zu ermitteln.

### 6 Zum Schluss das Produkt einführen

Die Produktideen, die auch diese letzte Testphase überlebt haben, können als marktreif betrachtet werden. Sie sind in der Regel geeignet, auf dem Markt eingeführt zu werden.

## Was Sie bei der Produktvariation berücksichtigen sollten

Die Produktvariation ist ein relativ einfaches Mittel der Produktpolitik und beinhaltet lediglich die Änderung der Beschaffenheit, der Packungsgestaltung oder von Zusatzleistungen bestimmter Produkte.

> Ziel der Produktvariation ist es, das Produkt in den Augen der Konsumenten attraktiver erscheinen zu lassen.

### Das können Sie an der Qualität ändern

Die Qualität charakterisiert sich durch

- technisch-physikalische Eigenschaften, wie z.B. Gewicht, Größe, Dauerhaftigkeit etc.;

- standardisierte Eigenschaften, etwa Normung, Gütezeichen, staatliche Prüf- und Gewährzeichen.

Durch eine Qualitätsverbesserung erhält das Produkt eine bisher nicht vorhandene Eigenschaft, die vom Erwerber bzw. Käufer als positiv beurteilt wird. Damit können Sie den Nutzen des Produkts erhöhen, was sich auch in den Absatzzahlen niederschlagen soll.

Durch eine Qualitätsverminderung geht eine bisher vorhandene Eigenschaft verloren. Dadurch können Sie die Produktionskosten senken und diesen Vorteil gegebenenfalls über einen niedrigeren Preis an den Kunden weitergeben.

## Das können Sie am Produktäußeren verändern

Das Produktäußere ist bei der Änderung der Produktgestaltung besonders wichtig, da die meisten Käufer aus der äußeren Erscheinung eines Produkts auf dessen Tauglichkeit und Nutzen schließen. Hier die Gestaltungsmittel:

- **Form:** Bei der Ausprägung einer Produktform spielt insbesondere die Mode eine große Rolle. Je nach Stil und Mode werden bestimmte Gestaltungsformen als hässlich oder schön empfunden. Die Möglichkeiten der Formgestaltung sind bei Produkten größer, deren eigentliche Gebrauchsfunktion durch eine Veränderung der Form nicht beeinflusst wird. So sind die Möglichkeiten z. B. bei einem Fernseher geringer als bei einem Kleidungsstück.
- **Farbe:** Bei der Farbgebung gibt es unzählige Möglichkeiten. Zudem ist die Farbe meistens das kostengünstigste

Mittel Produkte zu verändern. Auch hier hat die Mode einen entscheidenden Einfluss.

- **Material:** Die Materialwahl ist deshalb von großer Bedeutung, weil einzelne Materialien unterschiedliche Wirkungen auf Käufer haben. So kann z.B. mit Holz das Gefühl der Geborgenheit vermittelt werden, während man mit Plastik eher auf die Funktionalität abhebt.

### Die Packungsgestaltung verändern

Die Packung hat in erster Linie den Zweck, Produkte (z.B. Flüssigkeiten) verkäuflich zu machen und sie transportieren zu können. Sie kann aber auch für Mitteilungen (Gebrauchsanweisungen, Produktvorteile) oder für Werbezwecke genutzt werden. Da die Packung das erste ist, was der potenzielle Käufer sieht, sollte sie auf die Zielgruppe besonders ansprechend wirken und im Einklang mit dem Produkt sein. Ein teurer Füllhalter sollte z.B. hochwertig eingepackt werden. Auch die Packungsgestaltung können Sie an bestimmte Trends anpassen.

## Welche Produkte Sie eliminieren sollten

Produkte, die das Unternehmensziel nicht mehr erreichen, müssen vom Markt genommen werden, bevor sie das Unternehmen kostenmäßig zu stark belasten. Die Kriterien, die schließlich zu einer solchen Entscheidung führen, sind natürlich von Produkt zu Produkt unterschiedlich.

### Checkliste: Eliminierungskriterien

| Das Produkt eliminieren? | Ja |
|---|---|
| ▪ Liegen quantitative Gründe vor? | |
| – Sinkender Umsatz und/oder Marktanteil | |
| – Geringer/sinkender Umsatzanteil am Gesamtumsatz | |
| – Geringer/sinkender Deckungsbeitrag | |
| ▪ Liegen qualitative Gründe vor? | |
| – Negativer Einfluss auf das Unternehmensimage | |
| – Änderung der Bedarfsstruktur der Konsumenten | |
| – Änderung gesetzlicher Vorschriften | |
| – Nachlassende Wirkung der Marketingaktivitäten | |

## Treffen Sie Entscheidungen über das Sortiment

Programmpolitische Entscheidungen betreffen die Frage, wie optimal ein Sortiment ausgestaltet werden soll, d.h. welche Produktlinien angeboten werden sollen und wie breit und wie tief das Sortiment sein soll.

> Eine Produktlinie ist eine Gruppe von Produkten, die aufgrund bestimmter Merkmale in enger Beziehung zueinander stehen.

### Wie soll das Sortiment beschaffen sein?

- Die **Sortimentsbreite** bezieht sich darauf, wie viel verschiedene Produktlinien Sie am Markt anbieten möchten.

Wenn ein Unternehmen z. B. nur elektrische Zahnbürsten herstellt, dann hat es eine geringe Breite. Wenn es aber außer elektrischen Zahnbürsten noch andere elektrische Haushaltskleingeräte anbietet, ist die Breite groß.

- Die **Tiefe des Sortiments** gibt an, wie viele Artikel innerhalb der Produktlinien angeboten werden. Ein Unternehmen kann z. B. eine Vielzahl von verschiedenen Rasierern für unterschiedliche Hauttypen anbieten.

Breite und Tiefe des Sortiments sind sehr stark marktbezogen. Durch eine Vergrößerung des Sortiments können Sie z. B. versuchen, Ihren guten Ruf und Ihr Können auf gegenwärtigen Märkten auszunutzen. Durch die Vertiefung können Sie eventuell eine neue Zielgruppe gewinnen.

## Auch der Service entscheidet

> Unter Service oder Kundendienst werden alle Leistungen verstanden, die sich auf den Warenverkauf beziehen oder auch vom Warenabsatz unabhängig sind. Sie können gegen Bezahlung oder auch unentgeltlich angeboten werden.

Wesentliche Serviceziele sind:

- Kundengewinnung
- Kundenbindung
- Anregung von Wiederholungskäufen
- Angebots- und Geschäftsprofilierung
- Aufbau eines positiven Images
- und somit Förderung des Absatzes.

## Checkliste: Serviceleistungen

| Auf welche Serviceleistungen kommt es an? | ✓ |
|---|---|
| 1 Serviceinhalt | |
| – Ist der technische Kundendienst wichtig? | |
| – Ist der kaufmännische Kundendienst wichtig? | |
| 2 Art des Service | |
| – Wie wichtig ist die Sachleistung (z. B. Verpackung)? | |
| – Wie wichtig ist die Verrichtungsdienstleistung (z. B. Umtausch)? | |
| – Welche Rolle spielt die Bereitstellungsdienstleistung (z. B. Aufbewahrung)? | |
| 3 Zeitpunkt | |
| – Braucht der Kunde den Service vor dem Kauf (z. B. Warenberatung)? | |
| – Fällt Service während des Kaufs an (z. B. Produktvorführung)? | |
| – Fällt Service nach dem Kauf an (z. B. Umtausch)? | |
| – Ist der Service unabhängig vom Kaufakt? | |
| 4 Serviceort | |
| – Sollte der Service beim Hersteller gemacht werden? | |
| – Ist als Serviceort der Händler sinnvoll? | |
| – Ist der Service beim Käufer zu verrichten? | |
| – Ist der Service bei einem Dritten sinnvoll? | |

**Auf welche Serviceleistungen kommt es an?** ✓

5 Rechtliche Basis der Serviceleistung
- Freiwillig (z. B. Kinderhort),
- vertraglich (z. B. Reparatur) oder
- gesetzlich (z. B. Garantieleistung)?

6 Warenbezogenheit der Serviceleistung
- Ist die Kundendienstleistung abhängig von einer Ware (z. B. Reparatur)?
- Ist sie warenunabhängig (z. B. Parkplätze, Aufbewahrung)?

7 Berechnung der Leistung
- Soll der Service unentgeltlich bereitgestellt werden?
- Soll der Service kostenpflichtig sein; und wenn ja,
  - verlustbringend,
  - kostendeckend,
  - gewinnbringend?

## Warum Service so wichtig ist

Die Leistungsinhalte des Kundendienstes variieren je nach Branche erheblich. Gerade im heutigen Konkurrenzdruck ist das Serviceangebot zu einem bedeutenden Instrument des Marketings geworden. Mit einem sinnvollen Kundendienst können Sie sich imagemäßig in den Augen der Kunden von der Konkurrenz abheben und Wettbewerbsvorteile aufbauen.

Entscheidend für den Erfolg von Serviceleistungen ist, dass die Dienstleistung von den Kunden wahrgenommen wird, für sie erlebbar ist und messbar mehr Lebensqualität bietet. Serviceleistungen müssen Probleme lösen, Unbequemlichkeiten abbauen und Abläufe erleichtern.

# Richtig entscheiden über die Distribution

## Was gehört zur Distributionspolitik?

Die Distributionspolitik umfasst alle Entscheidungen und Aktivitäten, die dafür Sorge tragen, dass die Produkte und Leistungen eines Unternehmens von dem Ort der Produktion zu dem Ort bzw. Markt gelangen, wo sie zum Kauf an die Endverbraucher zur Verfügung gestellt werden sollen. Dazu gehören folgende Schritte:

1. Als Erstes entscheiden Sie über den **Absatzweg**.
2. Diese Entscheidung ist eng verknüpft mit der zweiten Entscheidung, der über den **Außendienst.**
3. Die dritte Entscheidung betrifft die physische Auslieferung der Produkte/Leistungen an die Kunden. Man spricht in diesem Zusammenhang auch von **Logistik.**

## Entscheidungen über Absatzwege treffen

> Entscheidungen über die Absatzwege umfassen die Wahl zwischen direktem oder indirektem Absatz, die Zahl und Art der eingeschalteten Absatzmittler und der Außendienstmitarbeiter.

Diese Entscheidungen sind strategisch, langfristig und beeinflussen neben Kosten und Erlösen in der Regel auch das Image Ihres Unternehmens. Eine Veränderung der Absatzwege ist meistens kurzfristig überhaupt nicht möglich, da eine Umstellung viel Zeit erfordert. Die Wahl der Absatzwege ist letztendlich abhängig vom Sortiment, den Eigenarten des Produkts und der Anzahl der Kunden sowie den Gegebenheiten im Unternehmen.

## Diese Absatzwege stehen Ihnen offen

- Der Absatzweg kann direkt sein, d.h. Sie verkaufen Ihre Produkte und Leistungen direkt an den Endverbraucher.
- Beim indirekten Absatz schalten Sie eine Zwischenstufe ein, die dann die Produkte und Leistungen an die Endverbraucher verkauft. (Einzelhandel oder Groß- und Einzelhandel).

## In diesen Fällen sollten Sie direkt absetzen

Direkter Absatz erfolgt meist bei Produkten,

- die technisch kompliziert und daher sehr erklärungsbedürftig sind,
- für die der Hersteller eine Garantie leisten muss, bei denen der Hersteller den Kundendienst übernehmen muss,
- deren Lagerung kostenintensiv ist, die transportempfindlich sind,
- deren Abnehmer regional stark begrenzt sind,
- die nur in großen zeitlichen Abständen gekauft werden.

### Vorteile des indirekten Absatzes

- Ein geringerer finanzieller Aufwand in der Distribution,
- ein flächendeckender, weit verteilter Abnehmerkreis,
- eine Vielfalt von Betriebsformen einzelner Zwischenstufen wie z.B. beim Einzelhandel die Warenhäuser, die Fachhändler und Supermärkte,
- ein umfassendes Distributionsnetz der Zwischenstufen,
- spezialisierte Absatzkenntnisse, Kontakte und Größe der Zwischenstufen.

### Diese Auswahlkriterien sollten Sie verwenden

Bei der Entscheidung zwischen direktem und indirektem Absatzweg sind die klassischen Auswahlkriterien Vertriebskosten und Handelsspannen entscheidend. Je direkter die Verbindung zwischen Hersteller und Endverbraucher ist, desto höher sind die eigenen Vertriebskosten, da der Hersteller den Vertrieb komplett selber ausführen muss. Daher müssen Sie die Vertriebskosten mit der Handelsspanne vergleichen, die der Hersteller bei einem indirekten Absatz von der ersten Zwischenstufe erhält. Einen direkten Absatz sollten Sie immer dann vorziehen, wenn die eigenen Vertriebskosten niedriger sind als die Ersparnisse aus der Handelsspanne.

## Wählen Sie die Form des Außendiensts

Der Außendienst hat die Aufgabe, sich um die Anbahnung und Abwicklung von Verkaufsverträgen zu kümmern sowie Informationen über das Marktgeschehen der Geschäftsleitung zur

Verfügung zu stellen. Grundsätzlich kann bei der Gestaltung des Außendiensts zwischen Reisenden, Handelsvertretern oder Kommissionären gewählt werden, die allerdings auch kombiniert eingesetzt werden können.

- **Reisende** sind (nach §§ 59–75 HGB) Angestellte des Unternehmens, die die Verkaufstätigkeit ausüben und die Kunden in regelmäßigen Abständen besuchen. Sie unterliegen den Weisungen ihrer Firmen. In der Regel sind Reisende für bestimmte Regionen oder Bezirke zuständig. Sie erhalten als Vergütung meist ein Fixum.
- **Handelsvertreter** sind nach § 84 HGB rechtlich selbstständige Gewerbetreibende, die für mindestens ein Unternehmen Geschäfte vermitteln und abschließen. Sie arbeiten in fremdem Namen und auf fremde Rechnung. Ihre Tätigkeit können sie im Gegensatz zum Reisenden selbstständig gestalten. Handelsvertreter erhalten in der Regel als Vergütung eine vom Umsatz abhängige Provision.
- **Kommissionäre** unterscheiden sich vom Handelsvertreter dadurch, dass sie in eigenem Namen auf Rechnung des Auftraggebers tätig sind (nach § 383 HGB). Die Vergütung ist meistens eine umsatzabhängige Kommission oder Provision. Kommissionäre werden besonders bei Wertpapierverkäufen, bei Agrarprodukten und im Außenhandel eingesetzt.

## Das sollten Sie bei der Wahl berücksichtigen

Die Wahl zwischen Reisenden, Handelsvertretern und Kommissionären wird in erster Linie von der Art der Produkte und Leistungen bestimmt. Sind die Produkte Ihres Unternehmens sehr unterschiedlich, so bietet es sich an, mit selbstständigen Handelsvertretern oder Kommissionären zu arbeiten. Dabei sollten Sie allerdings berücksichtigen, dass diese eher an ihre eigenen Umsätze denken und weniger an Unternehmenszielen des Auftraggebers interessiert sind. Bei Reisenden darf nicht vergessen werden, dass sie intern einen höheren Verwaltungsaufwand benötigen. Für Ihre Entscheidungen sollten weiterhin die Auswirkungen auf Kosten und Gewinn sowie die Akzeptanz und die Anforderungen der Marktpartner, d.h. der Groß- und/oder Einzelhändler, eine Rolle spielen.

## Entscheidungen bei der Logistik treffen

Die physische Warendistribution, d.h. die Logistik der Bewegung der Produkte vom Herstellungsort zu den Käufern, hat lange Zeit im Marketing nur eine untergeordnete Rolle gespielt. Sie ist jedoch von zentraler Bedeutung, da eine ständige Lieferung von Produkten an die Käufer unbedingt gewährleistet werden muss und gleichzeitig die Kosten der Auslieferung und Lagerhaltung nicht ausufern sollen. Die Logistik umfasst damit eine Vielzahl von Entscheidungsprozessen.

> Logistische Entscheidungsprobleme sind sehr vielfältig: Transportmittel, Lagerbestand und Lagerhaltung sowie der Standort spielen dabei eine zentrale Rolle.

### Die Auswahl der Transportmittel und -wege

Bei den Transportmitteln können Sie grundsätzlich zwischen LKW, Bahn, Flugzeug oder Schiff wählen. Die Auswahl wird in erster Linie durch die Besonderheiten der einzelnen Produkte

(Sperrigkeit, Wert, Größe, Empfindlichkeit) begrenzt. Außerdem spielen auch Betriebskosten und Geschwindigkeit eine entscheidende Rolle. Bei der Wahl müssen Sie in Betracht ziehen, wie Sie den Lagerbestand reduzieren können, und die Verpackungs- und Versicherungskosten sowie die Fixkosten berücksichtigen.

Unternehmen, die ihre Produkte an eine Vielzahl von Verkaufsstellen ausliefern, stehen vor der Entscheidung, wie die Aufträge zu optimalen Touren zusammengefasst werden können. Dazu sind die anzusteuernden Orte in eine optimale Reihenfolge zu bringen, damit die Wegekosten minimiert werden. Dafür gibt es mittlerweile eine Reihe von Software-Paketen.

## Lagerbestand und Lagerhaltung

Lieferzeit und Lieferzuverlässigkeit werden immer mehr als wichtiges Serviceinstrument angesehen. Daher ist jedes Unternehmen bemüht, seine Kunden möglichst sofort zu beliefern. Eine optimale Belieferung setzt jedoch ausreichende Warenvorräte voraus, was wiederum hohe Lagerkosten zur Folge hat.

### Davon hängen Lieferzeit und Lieferkosten ab

- **Anzahl der Zwischenlager:** Je höher die Anzahl der Zwischenlager, desto kürzer ist zwar die Lieferzeit und desto geringer sind die Transportkosten, aber desto höher sind auch die Kosten für die Lagerhaltung.

- **Zeitpunkt der Bestellung:** Je mehr Zeit zwischen Bestellung und Eingang beim Kunden vergeht und je häufiger der Kunde das Produkt benötigt, desto höher sind Lagermindestbestand und damit die Lagerkosten.
- **Die Bestellmenge:** Je größer die Auftragsmenge ist, desto weniger Kosten fallen für die Ausführung der Bestellung an, desto höher sind aber der durchschnittliche Lagermindestbestand und damit die Lagerkosten.

Zwischen Lieferzeit und -zuverlässigkeit auf der einen und Kosten auf der anderen Seite besteht ein Zielkonflikt, d.h. beide können nicht gleichzeitig optimiert werden. Sie müssen daher versuchen, die Kosten bei gleichzeitiger Einhaltung der Lieferzeiten zu minimieren.

## Die Standortentscheidung

Standortentscheidungen haben eine zentrale Bedeutung für die Logistik. Die Wahl für den Standort eines Lagers oder von Verkaufsstellen hat dabei immer einen strategischen und langfristigen Charakter. Generell sollten sich Lagerhäuser sowie Verkaufsstellen stets in der Nähe der stärksten Kundenkonzentration befinden, damit eine schnelle und kostengünstige Lieferung möglich ist. Berücksichtigen Sie bei der Standortentscheidung auch die anfallenden Transportkosten sowie die Ent- und Umladekosten.

# Wie Sie Ihre Kommunikationspolitik optimal gestalten

## Was gehört zur Kommunikationspolitik?

Erfolgreiches Marketing muss neben einem guten und marktgerechten Produkt, der adäquaten Preisfestsetzung und der Produktdistribution auch kommunikative Aufgaben lösen.

> Mithilfe geeigneter Kommunikationsmittel sollen die Kunden über das Leistungsangebot des Unternehmens informiert werden. Kommunikation hat zum Ziel, Interesse für das Angebot zu wecken, mögliche bestehende Einstellungen zu korrigieren, Unwissen zu beseitigen und Beweggründe für das Kaufen der Produkte zu vermitteln.

Die vier klassischen Kommunikationsmittel sind Werbung, Verkaufsförderung, Öffentlichkeitsarbeit und persönlicher Verkauf.

## Wie erfolgreiche Werbung funktioniert

Ziel der Werbung ist es, die Kunden zu informieren und sie zu beeinflussen, die Produkte zu kaufen. Mithilfe werbepolitischer Maßnahmen können Sie Ihren Bekanntheitsgrad erhöhen, Präferenzen für Ihre Produkte schaffen und eine Marktnische noch besser besetzen.

### Kommunikation in der Werbung

Die Werbung geht von einem Sender-Empfänger-Modell aus, das Kommunikation als Prozess auffasst. Folgende Fragen zeigen, was nach diesem Modell zu einem Kommunikationsvorgang, bezogen auf Werbung, gehört:

| | | |
|---|---|---|
| Wer ...? | → | Sender |
| sagt was ...? | → | Werbebotschaft |
| zu wem ...? | → | Empfänger |
| durch welchen Kanal ...? | → | Medien, Werbeträger |
| mit welcher Wirkung ...? | → | Reaktion, Werbeerfolg |

Die Kommunikation besteht aus einem Sender, der eine Botschaft durch einen Kanal an einen Empfänger richtet, der auf die Botschaft reagiert.

Bei der Werbung stehen sich als Sender das Unternehmen und als Empfänger die Zielgruppe von Botschaften und Nachrichten gegenüber. Vor der Aussendung der Botschaft an die Empfänger muss die Botschaft codiert werden. Dies bedeutet, dass die Botschaft übertragen werden muss in Worte, Bilder und Tonzeichen, die dem Empfänger einen Sinn vermitteln. Über Medien wird die codierte Botschaft vom Sender zur Zielgruppe hin bewegt. Die Empfänger schreiben den übermittelten Symbolen eine Botschaft zu, verarbeiten und speichern sie und reagieren darauf. Im Rahmen des sogenannten Feedbacks werden schließlich die Bestandteile der Reaktion und des Verhaltens des Empfängers dem Sender zurückgesendet.

> Die Werbepolitik umfasst alle Aktivitäten, die den Kommunikationsprozess betreffen und im Einklang mit den Unternehmenszielen gestaltet werden sollen.

## Die Werbeplanung ist Ihr erster Schritt

Ausgangspunkt jeder Werbeaktivität ist eine detaillierte Werbeplanung. Sie verläuft in fünf Phasen:

| Die fünf Phasen der Werbeplanung | |
|---|---|
| 1 | Werbeziele festlegen |
| 2 | Zielgruppe auswählen |
| 3 | Werbebudgets bestimmen |
| 4 | Werbedurchführung planen |
| 5 | Werbekontrolle |

## Phase 1: Legen Sie Ihre Werbeziele genau fest

Damit Ihre Werbeaktivitäten ziel- und ergebnisorientiert durchgeführt werden können, müssen Sie zuerst Ihre Werbeziele genau präzisieren. Was wollen Sie durch die Werbeaktivitäten eigentlich erreichen?

Als Werbeziele kommen in Frage:

- ökonomische Ziele bzw. wirtschaftliche Zielgrößen, etwa
  - den Umsatz allgemein sichern, erhalten oder sogar erhöhen,
  - den Umsatz in verkaufsschwachen Gebieten oder Zeiten steigern,
  - Marktanteile erhalten und sichern,
  - Kosten einsparen durch Absatzrationalisierung;

- außerökonomische Ziele, etwa
  - bei einer bestimmten Zielgruppe den Bekanntheitsgrad einer bestimmten Marke erhöhen,
  - Aufbau oder Änderung des Markenimages,
  - Information der Verbraucher,
  - Erhaltung der Kundentreue.

## Phase 2: Wählen Sie Ihre Zielgruppe aus

Bestimmen Sie im nächsten Schritt, welche Zielgruppe Sie mit Ihrer Werbebotschaft ansprechen wollen. Sie können einerseits versuchen, die Werbung an Ihre bisherige Käuferschicht zu richten und sich an deren Bedürfnissen und Vorstellungen zu orientieren. Damit können Sie Ihre Marktposition bei der bestehenden Zielgruppe verstärken. Andererseits können Sie die Werbung speziell an Nichtkäufer adressieren. Hierfür müssen Sie allerdings vorab genau deren Einstellung zum Produkt bzw. Gründe für das bisherige Nichtkaufen durch Befragungen ermitteln, damit Sie die Botschaft dementsprechend gestalten können. Durch die Werbung an Nichtkäufer können Sie Ihre Marktposition ausweiten.

## Phase 3: Bestimmen Sie Ihren Werbeetat

In der Praxis haben sich folgende operationale Methoden durchgesetzt:

- **„Was-können-wir-uns-leisten-Methode":** Viele Unternehmen bestimmen die Höhe des Werbebudgets danach, was sie sich ihrer Meinung nach leisten können. Dies muss man allerdings kritisch beurteilen, da keine rechtfertigende Beziehung zwischen Werbebudget und finanziellen Mitteln besteht.

- **„Prozentsatz-des-Umsatzes-Methode":** Hierbei wird ein bestimmter Prozentsatz des Umsatzes für die Werbeausgaben bestimmt. Es fehlt zwar der sachliche Zusammenhang, aber zumindest besteht eine Abhängigkeit zwischen Werbeausgaben und der Entwicklung der betrieblichen Umsätze.
- **„Wieviel-geben-denn-die-anderen-aus-Methode":** Einige Unternehmen orientieren ihre Werbeausgaben an denen ihrer Konkurrenten. Dies wird damit begründet, dass die Ausgaben der Konkurrenten die Erfahrungen aus der Branche repräsentieren. Aber jedes Unternehmen befindet sich in einer anderen Marktsituation und hat andere Marketingbedingungen. Daher ist auch diese Methode nicht frei von Risiken.
- **Zielorientierte Methode:** Bei dieser Methode soll ein vorbestimmtes Werbeziel mit den geringsten Werbekosten erreicht werden. Hierfür müssen Sie die Werbeziele so genau wie möglich definieren, die Aufgaben beschreiben, die zur Zielerreichung führen sollen, und die Kosten für diese Aufgaben abschätzen. Diese Methode ist sehr empfehlenswert, da sie sich an den Werbezielen orientiert.

## Phase 4: Planen Sie die Werbedurchführung

Legen Sie in einem ersten Schritt die Werbebotschaft fest. Eine Werbebotschaft sollte etwas Angenehmes, Interessantes über das Produkt aussagen und hervorheben, wo sein Nutzen liegt bzw. was es so wünschenswert macht. Eine besondere Rolle spielt hier der USP (Unique Selling Proposition), das Alleinstellungsmerkmal des Produkts. Achten Sie darauf, dass Ihre Werbebotschaft glaubwürdig und beweisbar klingt.

Berücksichtigen Sie, dass ein durchschnittlicher Mensch in Deutschland heute täglich schätzungsweise mehr als 2000 Werbebotschaften ausgesetzt ist. Die Aufnahmekapazität des Gehirns kann diese Informationsflut nicht verarbeiten. Eine Anzeige in einer Zeitschrift wird z.B. nur durchschnittlich zwei Sekunden betrachtet. Ihre Botschaft muss auffallen, um überhaupt wahrgenommen zu werden. Wird Ihr Produkt immer wieder mit einem bestimmten emotionalen Reiz dargestellt, so erhält es bei der Zielgruppe einen emotionalen Erlebniswert. Hierfür ist die Verwendung von Bildern sehr wichtig, da Emotionen über Bilder besser vermittelt werden können.

**Beispiel:**

Die Zigarette Marlboro wird bei allen Kommunikationsinstrumenten seit Jahrzehnten immer wieder mit dem emotionalen Reiz Abenteuer und Freiheit dargestellt. Werden Kunden nach den Assoziationen mit Marlboro gefragt, so nennen sie genau diese emotionalen Werte. Aber dies braucht Zeit und muss kontinuierlich mit vielen Wiederholungen aufgebaut werden.

Bestimmen Sie in einem zweiten Schritt, welche Werbemittel und Werbeträger Sie in welchem Umfang einsetzen möchten. Werbeträger (Werbemedien) dienen als Transportinstrument für die Werbemittel, z.B. die Anzeige in einer Tageszeitung.

| Die wichtigsten Werbemittel | Die wichtigsten Werbeträger |
|---|---|
| Werbebriefe | Tageszeitungen |
| Prospekte | Publikumszeitschriften |
| Werbeanzeigen | Fachzeitschriften |
| Wurfsendungen | Wochen-/Sonntagszeitungen |
| Plakatwerbung | Kundenzeitschriften |
| Hörfunk-/Radiowerbung | Fernsehen |
| Werbegeschenke | Hörfunk/Radio |
| Verkehrsmittelwerbung | Außenwerbung |
| Flugblätter | Kino |
| Fernsehwerbung | Verkehrsmittel |
| Werbung im Kino | |

Werbemittel sind in der Absatzwerbung eingesetzte Instrumente, die zur Erfüllung der Werbeziele dienen. Die Werbemittel erreichen Ihre Zielgruppe durch die eingeschalteten Medien, die sogenannten Werbeträger.

Überlegen Sie sich, welche Medien geeignet für Ihre Werbebotschaft und Ihre Ziele sind. Ergebnis dieser Medienauswahl ist der Streuplan, der das verfügbare Werbebudget nach bestimmten Kriterien auf die einzelnen Werbeträger wie Rundfunk, Fernsehen, Zeitung und Zeitschriften aufteilt.

Aufgrund des „Zapping"-Problems im Fernsehen gerät der klassische Fernsehspot zunehmend unter Druck und neue kreative Sonderwerbeformen werden insbesondere im Privatfernsehen entwickelt. Hierzu zählen z.B. das TV-Sponsoring, Informercials als Dauerwerbesendung, Splitscreen-Spots, bei denen Werbung und Programm zeitgleich in getrennten Fenstern ausgestrahlt werden und Gewinnspiele am unteren Bildrand, sogenannte WinAd. Mittlerweile gibt es über 50 verschiedene Sonderwerbeformen im Fernsehen.

## Checkliste: Medienauswahl

- Welche Darstellungsmöglichkeiten eignen sich?
- Zu welchen Zeiten soll die Werbebotschaft die Adressaten erreichen?
- Wie groß soll die Reichweite sein?
- Um welche Zielgruppe/n geht es?
- Wie oft soll die Werbung erscheinen?
- Wie leicht soll sie verfügbar sein?
- Was darf die Werbung kosten?

Für die Auswahl gibt es eine Vielzahl von Verfahren. In der Praxis hat sich der sogenannte „Tausender-Preis“ durchgesetzt. Dieser sagt aus, wie teuer es ist, 1000 Personen anzusprechen.

$$\text{Tausender-Preis} = \frac{\text{Preis je Anzeigenseite}}{\text{Vertriebsauflage}}$$

Beim TV-Spot wird der Preis je Sekunde ins Verhältnis mit der Zuschauerquote gesetzt.

### Phase 5: Führen Sie eine Werbekontrolle durch

Die Werbekontrolle soll sicherstellen, dass die gewünschte Zielgruppe tatsächlich erreicht wird und die angestrebte Werbewirkung auch eintritt. Zugleich sollten Sie überprüfen, ob die Werbemaßnahme räumlich und zeitlich auch gemäß dem vorgesehenen Plan erfolgt.

### Wie Sie eine Werbeagentur briefen

Wird Ihre Werbekonzeption ganz oder teilweise unternehmensextern, z. B. von einer Werbeagentur erarbeitet, müssen Sie die notwendigen Informationen in einem detaillierten Briefing zur Verfügung stehen. Ein Briefing sollte folgende Punkte beinhalten:

- Werbeziele und Werbebotschaft,
- Werbeobjekt, -produkt,
- Zielgruppe und Zielgebiet,
- Werbeetat, Werbemittel und -träger,
- Zeitplan.

## Maßnahmen, die den Verkauf fördern

Da zwischen Verkaufsförderung und Absatzwerbung ein enger Zusammenhang besteht, werden beide oft kombiniert eingesetzt. Bei der Verkaufsförderung stehen zeitlich begrenzte Aktionen im Vordergrund, die auf zusätzliche Kaufanreize ausgerichtet sind und meistens länger laufende Werbeaktionen unterstützen.

- Verkaufsförderung am Point of Sale, d.h. am eigentlichen Verkaufsbereich, z.B. Displays, Lautsprecherwerbung, Sonderausstellungen, Aufstellschilder, Regalschilder, Thekenstellbehälter.
- Produktbezogene Aktionen, z.B. Produktvorführungen, Einsatz von Hostessen, Werbegeschenke, Werbeproben, Sonderpreisaktionen, Gutscheine bzw. Coupons.
- Imagebezogene Aktionen beim Händler, z.B. Jubiläumsfeste, Autogrammaktionen mit prominenten Gästen, Dichterlesungen, Modeschauen, Kinderfeste.
- Händlerorientierte Aktionen, z.B. Durchführung gemeinsamer imagebezogener Aktionen, Preisnachlässe, kooperative Werbung, Händlerschulung.
- Verkaufspersonalorientierte Aktionen, z.B. Verkaufswettbewerbe, Informationsveranstaltungen, Bereitstellung von Verkaufshilfen und -unterlagen.

> Bei der Verkaufsförderung handelt es sich um einen Sammelbegriff für Aktionen, die den Absatz kurzfristig und unmittelbar stimulieren sollen.

## Professionelle Öffentlichkeitsarbeit

Unter Öffentlichkeitsarbeit, auch Public Relations (PR) genannt, versteht man die systematische Pflege der Beziehungen zur Öffentlichkeit sowie die Werbung um öffentliches Vertrauen. Ihr Ziel ist es, eine positive Meinung über das Unternehmen zu schaffen, Vertrauen zu gewinnen bzw. zu erhöhen. Die Öffentlichkeit sind u.a. die Mitarbeiter, die Lieferanten, die jetzigen und potenziellen Kunden und im weiteren Sinne die Gemeinde, die Stadt, die Länder sowie Behörden und Institutionen.

## Checkliste: Instrumente für Public Relations

- Allgemeine und Exklusivinformationen sowie Themenanregungen an Journalisten von Presse, Funk und Fernsehen
- Redaktionsbesuche und Interviews
- Presseaussendungen und Pressekonferenzen
- Kontaktveranstaltungen wie z.B. Tag der offenen Tür
- Vorträge, Teilnahme an Ausstellungen
- Broschüren, Kundenzeitschriften, Jubiläumsschriften, Geschäftsberichte
- Betriebsbesichtigungen
- Förderung sozialer Einrichtungen
- Maßnahmen zur Wohlfahrtspflege

Bei den Maßnahmen der Öffentlichkeitsarbeit ist wichtig, dass sie auf Wahrhaftigkeit und Realität beruhen und nicht auf bloßen Vorstellungen. Außerdem ist zu beachten, dass das Interesse der Öffentlichkeit immer Vorrang vor rein monetären Zielen haben muss.

## Den persönlichen Verkauf optimieren

Der persönliche Verkauf nimmt eine besondere Stellung unter den kommunikationspolitischen Maßnahmen ein. Hier entsteht nämlich ein direkter Kontakt zwischen einem Verkaufsmitarbeiter und dem Kunden, ob dieser nun der Händler oder der Endverbraucher ist. Ziel ist es, durch ein persönliches Gespräch einen Verkaufsabschluss zu erreichen.

Grundsätzlich gibt es zwei Typen von Verkaufsmitarbeitern:

- Verkaufsmitarbeiter im Innendienst, insbesondere bei Handels- und Dienstleistungsunternehmen,
- Verkaufsmitarbeiter im Außendienst.

Zu ihren klassischen Aufgaben gehören:

- den Kunden zu beraten,
- die Beziehungen zu den Kunden zu pflegen,
- Informationen über die Kunden zu sammeln,
- Kundenaufträge zu erlangen,
- für die Auslieferung der Ware zu sorgen.

### Wovon der Verkaufserfolg abhängt

Der Erfolg eines Verkaufsgesprächs ist sicherlich abhängig vom Verhalten beider Partner, jedoch kann der Verkäufer durch geeignete Techniken den Vorgang steuern und beeinflussen. Diese Techniken sind generell erlernbar. Zu ihnen zählen u.a. eine zweiseitige Argumentation, Aktivierung des Käufers durch versteckte Komplimente oder eine überzeugende Umgangsart. Daneben kommt auch der fachkundigen Beratung eine große Bedeutung zu. Schließlich können Sie durch bestimmte Maßnahmen im Unternehmen, etwa die Mitarbeiterauswahl oder -schulung, auf die Qualität des Verkaufsvorgangs erheblichen Einfluss nehmen.

Um im personellen Bereich Maßnahmen ergreifen zu können, müssen Sie Ihr Verkaufspersonal beurteilen. Anhaltspunkte hierfür ergeben sich einerseits aus harten Daten wie dem Verkaufsergebnis, andererseits aus dem Verhalten Ihrer Mitarbeiter.

## Checkliste: Den Verkaufserfolg steigern

### Worauf kommt es bei der fachkundigen Beratung an?

- Fachwissen
- Ehrlichkeit
- Produktpräsentation
- Aufzeigen von Alternativen
- ausführliche Information

### Welche personellen Maßnahmen können Sie ergreifen?

- gezielte Auswahl der Personen, die im Verkauf eingesetzt werden
- Schulung des Verkaufspersonals
- Anreiz durch persönliche Prämien (Incentives) oder andere Mittel, um die Motivation zu fördern
- Kontrollen bzw. Beurteilungen des Verkaufspersonals

**So beurteilen Sie die Leistung Ihres Verkaufspersonals:**

- Wie gut ist
  - die individuelle und fachlich fundierte Beratung?
  - die Verkaufstechnik?
  - die sprachliche Gewandtheit?
  - das äußere Erscheinungsbild?
- Wie hoch ist der Anteil der Stammkundschaft?
- Wie häufig kommen Kundenbeschwerden vor?

## Weitere Chancen im persönlichen Verkauf

Wenn der Verkäufer mit dem Käufer in direkten Kontakt tritt, kann er auch Emotionen und Erlebnisse vermitteln. Dies hängt sicher von der Klarheit und Vollständigkeit seiner Argumentation ab, vor allem aber von der Art und den Mitteln, mit denen er das Produkt oder die Leistung präsentiert.

**Beispiel:**

Bei einer individuellen Produktpräsentation kann der Kunde das Produkt nicht nur sehen oder anfassen, sondern vielleicht auch selbst ausprobieren und sich so von dessen Vorteilen direkt überzeugen.

Außerdem ist es wichtig, dem Kunden soziale Anerkennung durch Lob und Bestätigung zu vermitteln. Während der Verkaufsverhandlung sollte der Verkäufer auch durchaus die Lebensqualität des Kunden ansprechen und beim Abschluss herausstellen, dass die Entscheidung des Kunden richtig war. Dies kann zur Zufriedenheit des Kunden beitragen. Ein zufriedener Kunde wird sich Ihrem Unternehmen nicht nur verbundener fühlen, sondern die Produkte auch wieder kaufen und weiterempfehlen.

Der persönliche Verkauf ist im Marketing schließlich auch deswegen so wichtig, weil hierdurch die Möglichkeit besteht, sich gegenüber beratungsschwachen Konkurrenten zu profilieren. So wird das Verkaufspersonal zum wichtigen Erfolgsfaktor.

Mehr Tipps für ein erfolgreiches Verkaufsverhalten bietet Ihnen übrigens der TaschenGuide *Verkaufen.*

## Online-Marketing kompetent einsetzen

Online-Marketing umfasst alle Maßnahmen und Instrumente, die mithilfe des Internets ermöglicht werden. Betreiben Sie Online-Marketing richtig, dürfen Sie Ihre Eigenleistung und die erforderlichen Ressourcen nicht unterschätzen.

Die Vorteile des Online-Marketing sind:

- Schnelligkeit (in Sekunden werden Informationen überliefert)
- Direkte Dialogfähigkeit mit allen Geschäftspartnern auf der Welt in Echtzeit
- Eine hohe Genauigkeit in der Zielgruppenansprache
- Gute Steuerbarkeit der Maßnahmen und direkte Erfolgskontrolle

Für das Online-Marketing stehen Ihnen neben der eigenen Internetseite folgende Instrumente zur Verfügung:

- Online-Werbung
- E-Mail-Marketing
- Suchmaschinen-Marketing
- Social-Media-Marketing
- Mobile Online-Marketing

Die eigene Internetseite im Online-Marketing ist mehr als nur ein elektronischer Flyer. Nicht jeder Besucher Ihrer Website ist auch an Ihren Produkten oder Leistungen interessiert. Viele Besucher verlassen die Webseite nach der Startseite wieder. Der erste Eindruck entscheidet darüber, ob der Besucher sich näher informiert.

## Checkliste: Typische Fehler bei der Gestaltung einer Website

- Die Zielgruppe ist nicht genau definiert
- Die Lesbarkeit wird durch zu viele Farben erschwert
- Die Links sind ungenügend gekennzeichnet
- Es fehlen Kontaktdaten und Unternehmensinformationen
- Ladezeiten und Navigation sind nicht benutzerfreundlich
- Inhalte werden nicht regelmäßig aktualisiert

## Warum Online-Werbung?

Bei Online-Werbung geht es um das Einblenden von Werbemitteln auf Webseiten. Bannerwerbung, Weblogs, Content-Syndication, Web-Sponsoring, E-Mercials, Billboards, Floating Ad, Footer Ad, Stick Ad sind nur einige davon. Auf Basis von Nutzerprofilen im Web können Sie Ihre Werbung gezielt steuern. Sie können Ihre Online-Werbung so schalten, dass ein Kunde aus Spanien, also mit einer spanischen IP-Adresse (Internet Protocol), eine andere Werbung sieht als ein Kunde aus Deutschland. Zielgruppen lassen sich genau lokalisieren mit einer Präzision von 80 Prozent auf einen Umkreis von 20 bis 30 Kilometern. Wenn Sie Ihr Produkt nur in Bayern anbieten möchten, dann können Sie das Werbebanner auch nur den Leuten anzeigen, die aus Bayern stammen.

Diese Begriffe sollten Sie kennen:

- **Ad-Impressions (AI)**: Messgröße für die Anzahl der Sichtkontakte einer Werbebotschaft im Internet.
- **Klickrate (Click)**: Jedesmal, wenn ein Besucher auf einen Werbebanner klickt und dadurch zur Website des Werbekunden gelangt, ist dies ein „Click". Eine Klickrate von 0,1 bis 0,2 % entspricht einem normalen und 1 % einem sehr guten Wert.
- **Conversion Rate**: Misst die Zielerreichung und damit den Erfolg, den man mit der Kampagne verfolgt hatte. Ein Erfolg kann ein Verkauf eines Produktes, eine Angebotsanfrage, eine Anmeldung etc. sein.

# E-Mail-Marketing

Unter E-Mail-Marketing versteht man die direkte Ansprache von definierten Kunden mit einer E-Mail oder einem Newsletter. Ein Newsletter ist ein Informationsmail, das regelmäßig an Personen verschickt wird, die sich hierfür eingeschrieben und ihre Erlaubnis gegeben haben. Er eignet sich, um mit Kunden oder Interessenten in Verbindung zu bleiben.

## Checkliste: Grundregeln beim E-Mail-Marketing

- Überprüfen Sie die Formatierung und die Darstellung der Nachricht, indem Sie sich die wichtigen E-Mails immer erst selber schicken
- Sprechen Sie den Empfänger immer persönlich an
- Geben Sie einen Betreff und einen aussagekräftigen Absender an
- Alle Adressaten müssen dem Empfang des Newsletters ausdrücklich zugestimmt haben
- Die Inhalte Ihres Newsletters müssen aktuell und für den Empfänger wirklich interessant sein
- Die Abbestellung eines Newsletters muss leicht und bequem sein
- Sie dürfen Adressen nicht weiterverkaufen/vermieten
- Jeder Newsletter braucht ein vollständiges und rechtsgültiges Impressum

## Suchmaschinen-Marketing

85 % der Internetnutzer benutzen Suchmaschinen wie Google, Bing etc., um Webseiten zu finden und 90 % schauen sich nicht mehr als die ersten 30 Links der Suchergebnisse an. Einträge in Suchmaschinen werden automatisch erzeugt.

Suchmaschinen-Marketing beschreibt sämtliche Maßnahmen, die nötig sind, um die Position (das Ranking) in einer Suchmaschine aufgrund definierter Suchbegriffe zu verbessern.

Dies können Sie erreichen durch:

1 Suchmaschinenoptimierung (SEO)
Bauen Sie Ihre Website technisch einwandfrei auf und versehen Sie sie mit werthaltigen und interessanten Themen, so dass die Eigenschaften Ihrer Website optimal auf den Suchalgorithmus einer Suchmaschine ausgerichtet sind. Achten Sie auch darauf, dass Sie möglichst viele Links von anderen Websites auf die eigene Website bekommen, z. B. durch Linktausch und Einträge in Katalogen.

2 Suchwortvermarktung
Hier kaufen Sie Suchmaschinen-Stichwörter, um mit genau definierten Suchbegriffen auf die ersten Resultatseiten zu gelangen.

## Social-Media-Marketing

Social-Media-Marketing ist eine Art digitale Mund-zu-Mund-Propaganda im Social Web. Die Kunden sind damit nicht mehr nur Produktabnehmer, sondern Teil Ihrer Marketingabteilung.

Damit Social-Media-Marketing funktioniert, müssen Sie regelmäßig Informationen und Inhalte bereitstellen, die Ihre Zielgruppe interessieren und die sie sucht. Welche Plattform sie dazu nutzen, hängt von Ihrer Zielsetzung ab.

- Web-logs und Microblogs (z.B. Twitter) eignen sich für einen einfachen Informationsaustausch.
- Soziale Online-Netzwerke (z.B. Facebook) sind für die Selbstdarstellung relevant,
- Ihre eigene Website können Sie einsetzen, wenn Ihre Marke über eine hohe Bekanntheit und Attraktion unter den Nutzern verfügt.

Um Kundenwünsche und Markttrends zu erkennen, aufzunehmen oder bei Problemfällen frühzeitig einzugreifen, ist eine systematische Überwachung des Social Webs (d.h. Blogs, Soziale Online Netzwerke oder sonstige Online Communities) erforderlich. Problematisch ist, dass die Kosten-Nutzen-Relationen des Social-Media-Marketing zu Beginn of unklar sind.

## Mobile Online-Marketing

> Mobile Online-Marketing ist eine Erweiterung des Online-Marketing infolge der zunehmenden Nutzung des Internets in mobilen Kontexten und auf mobilen Endgeräten. Es umfasst alle Formen des Online-Marketing auf mobilen Endgeräten.

Leider lassen sich die einzelnen Online-Marketing-Formen nicht ohne Weiteres auf mobile Endgeräte übertragen. Es zeigen sich folgende Unterschiede:

### Bei Online-Werbung

- Es gibt eine Vielzahl unterschiedlicher Werbemittelformate und auch neue Schaltungsmechanismen.
- Es wird zwischen Web- und nativen Applikationen (Apps) mit jeweils eigenen Formaten unterschieden.
- Es sind Parallelentwicklungen für unterschiedliche native Umgebungen erforderlich, sofern alle Plattformen bedient werden sollen.
- Sie benötigen eine mobile Infrastruktur, z.B. sind mobile Zielseiten erforderlich.

### Beim Suchmaschinen-Marketing

- Die Nutzerfokussierung ist noch stärker auf den ersten Treffer gerichtet.
- Bevorzugt werden lokale und mobile Websites mit klickbarer Telefonnummer und räumlich nahe Angebote.

### Was bedeutet lokationsbasiertes Marketing?

Smartphones bieten z.B. über eingebaute GPS Funktionen die Möglichkeit, den Standort des Nutzers zu bestimmen, so dass ihm standortabhängige Informationen zur Verfügung gestellt werden können. Diese Dienste werden unter anderem von Suchmaschinen oder sozialen Netzwerken angeboten. Beispielsweise verbindet „Facebook Places" die sozialen Netzwerke der Facebook-Nutzer mit der Realwelt, indem die Aufenthaltsorte der sozialen Kontakte sichtbar werden. Lokale Organisationen können diesen Dienst dazu verwenden, um Nutzern, die sich in der Nähe aufhalten oder ein Geschäft betreten, z.B. Preisnachlässe anzubieten.

Die Entwicklung lokationsbasierter Dienste steht noch ganz am Anfang, veranschaulicht aber das Potenzial des Mobile Online-Marketing. Dem gegenüber steht die Debatte um Datenschutz und Eingriff in die Privatsphäre. Sie wird ausschlaggebend sein für die Weiterentwicklung dieses Ansatzes.

# Die Preispolitik sinnvoll ausgestalten

## Was gehört zur Preispolitik?

> Zur Preispolitik gehört es, die Verkaufspreise, die Rabatte und die darüber hinausgehenden Bedingungen für die Lieferung, die Zahlung und die Kreditierung festzulegen.

Die Preispolitik ist absatzpolitisch ein sehr wichtiges Instrument, das langfristige Auswirkungen auf das Marketing hat.

Einmal durchgeführte Preisentscheidungen können nur sehr schwer verändert werden. Zudem sind preispolitische Maßnahmen stark abhängig von den anderen Marketinginstrumenten. Der Preis ist die einzige Komponente des Marketingmix, die unmittelbar Einfluss auf Umsatz und Gewinn hat.

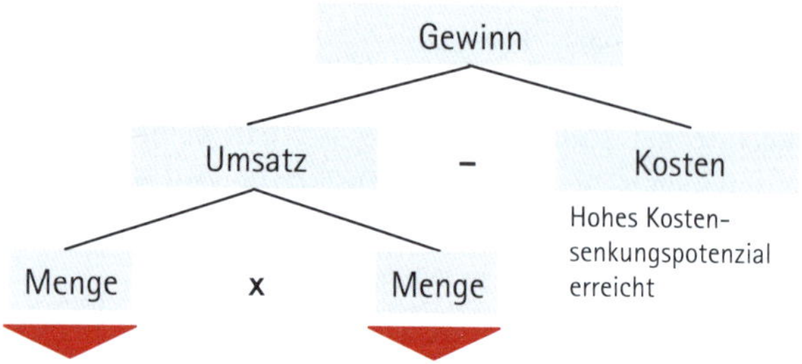


*Zusammensetzung des Gewinns*

Der Preis rückt – neben den Kosten und der Menge – als dritter Einflussfaktor auf den Gewinn immer mehr in den Mittelpunkt des Marketings. Viele Unternehmen haben erkannt, dass ihre Anstrengungen, Gewinne durch Senkung der Kosten oder Steigerungen der Mengen zu erhöhen, an Grenzen gestoßen sind. Sie versuchen, durch professionelle Preispolitik den Gewinn und die Liquidität zu erhöhen.

## Wann sind Preisentscheidungen zu treffen?

Im Allgemeinen gibt es vier Anlässe für Preisentscheidungen:

- bei der erstmaligen Festlegung eines Preises für ein neues Produkt, einen neuen Markt oder einen neuen Absatzweg,

- bei Preisänderungen, die sich aus Nachfrage- oder Kostenänderungen sowie aus Inflation oder Knappheiten ergeben,
- bei von der Konkurrenz initiierten Preisänderungen,
- bei der Ermittlung des optimalen Preisverhältnisses einzelner Produkte innerhalb einer Produktlinie.

Die Entscheidungen, die Sie im Rahmen der Preispolitik fällen müssen, umfassen die Preisfindung bzw. -festsetzung, die Preisstrategien im Rahmen der Produkt-Lebenszyklen, die Preisdifferenzierung und die Preisbündelung sowie die Konditionenpolitik.

## Wie Sie optimale Preise finden und festsetzen

Der Preis wird durch folgende drei grundlegende Faktoren bestimmt:

- Ziele des Unternehmens (i.d.R. Gewinnmaximierung),
- Kosten,
- Nachfrage.

Bei der Preisfestsetzung werden die Kosten traditionell als entscheidend betrachtet. Dabei wird aber die Wertschätzung des Produkts durch die Kunden und deren Preisbereitschaft meistens außer Acht gelassen. Neben den Kosten sollten Sie daher die wahrgenommene Preis-Leistung erfassen und den daraus resultierenden Kundennutzen quantifizieren.

## Ermitteln Sie die Zahlungsbereitschaft Ihrer Kunden

Da die Kunden am ehesten wissen, welchen Preis sie zu zahlen bereit sind, bringt eine Kundenbefragung die besten Ergebnisse. Sie haben zwei Möglichkeiten der Datenerhebung:

- Zum einen können Sie direkt danach fragen, ob ein bestimmtes Produkt zu einem bestimmten Preis gekauft würde. Diese Abfragetechnik hat gravierende Nachteile, denn man betrachtet das Produkt nicht als Ganzes, sondern fragt nur nach der Wichtigkeit des Preises. Dadurch wird der Preis im Verhältnis zu den übrigen Faktoren der Kaufentscheidung tendenziell überschätzt.
- Bei der indirekten Befragung versuchen Sie, den Kundennutzen zu ermitteln. Die Kernfrage lautet also stets: „Welchen Nutzen verbindet der Kunde mit der Leistung eines bestimmten Produkts und wie hoch ist seine daraus resultierende Zahlungsbereitschaft?"

Nur wenn für den Kunden der Nutzen des Produkts oder der Leistung höher ist als der Preis, wird er es kaufen. Aus diesem Nutzen können Sie die Zahlungsbereitschaft ableiten und so Ihre Preise leichter und kundenorientierter festlegen.

## Finden Sie heraus, wie Ihre Konkurrenz auf die Preisfestsetzung reagiert

Neben der Zahlungsbereitschaft der Kunden sollten Sie auch berücksichtigen, wie Ihre Konkurrenz auf Ihre Preisfestlegung reagieren wird. Dies hängt dann von den Vermutungen, den

Informationen und der angenommenen Verhaltensposition der jeweiligen Konkurrenten ab. Die Spieltheorie liefert hierbei das geeignete Instrumentarium für die Analyse derartiger Zusammenhänge. Je nachdem wie das Reaktionsverhalten der Konkurrenz auf Preissetzungen ist, ergeben sich andere optimale Preise. Wenn Sie annehmen, dass Ihre Konkurrenten nicht auf z.B. Ihre Preiserhöhung reagieren werden, führt dieses Verhalten dazu, dass Ihr Ergebnis schlechter ist als vorher. Ihre Kunden kaufen dann wahrscheinlich lieber bei Ihren Konkurrenten. Wenn Sie annehmen, dass Ihre Konkurrenten bei der Preiserhöhung mitziehen werden, so können Sie ohne Bedenken Ihren Preis durchsetzen und so auch Ihren Gewinn maximieren.

> Berücksichtigen Sie bei Ihrer Preisgestaltung: Gewinnziele, Kosten, Absatz, Preisbereitschaft und Konkurrenzverhalten.

## Legen Sie Ihre Preisstrategie im Rahmen des Lebenszyklus fest

Da Produkte verschiedene Phasen in der Lebenszykluskurve durchlaufen (siehe Abschnitt „Wie wird die Strategie durch den Lebenszyklus bestimmt?"), ändern sich auch die Rahmenbedingungen für Ihre Preispolitik. Ihr Produkt veraltet technologisch, die Konkurrenz bringt neue Produkte auf den Markt, die Präferenzen der Kunden ändern sich etc. Hierauf müssen Sie neben der Änderung am Produkt auch mit entsprechenden Preisanpassungen reagieren. Das heißt, Sie müssen dynamische Preisentscheidungen treffen.

## Bei echten Innovationen

Bei wirklichen Produktinnovationen haben Sie relativ viel Freiheit bei der Preisentscheidung.

Bei der **Skimmingstrategie** steht die Abschöpfung kurzfristiger Gewinne im Vordergrund. Das bedeutet, das neue Produkt wird zu einem vergleichsweise hohen Preis eingeführt, um eine hohe Preisbereitschaft bei einem Teil des Kundenpotenzials auszunutzen. In späteren Phasen des Produktlebenszyklus kann der Preis dann in mehreren Schritten gesenkt werden, um auch die Kunden mit geringeren Zahlungsbereitschaften zu erreichen.

Bei der **Penetrationsstrategie** hingegen wird der Einführungspreis relativ niedrig angesetzt. Dafür soll möglichst schnell eine gute Marktdurchdringung erreicht werden, um Kostensenkungen durch Erfahrungskurveneffekte zu verwirklichen. In späteren Phasen können sowohl Preissenkungen als auch -erhöhungen erfolgen.

## In etablierten Wettbewerbsmärkten

Bei dynamischen Preisentscheidungen in etablierten Wettbewerbsmärkten existiert zum Einführungszeitpunkt bereits eine weitgehend festgefügte Preisstruktur im Markt. D. h., Sie müssen den Preis des neuen Produkts optimal in die Marktstruktur einfügen.

# Differenzieren Sie Ihre Preise

Nicht alle Kunden und Kundengruppen verhalten sich gleich bei der Nachfrage oder legen dieselbe Zahlungsbereitschaft an den Tag. Selbst wenn Sie den optimalen Preis für den Gesamtmarkt ermittelt und umgesetzt haben, werden Sie mit einem einheitlichen Preis nur einen Teil des insgesamt möglichen Gewinns erzielen können. Die nachfolgende Grafik zeigt Ihnen dieses Gewinnpotenzial.

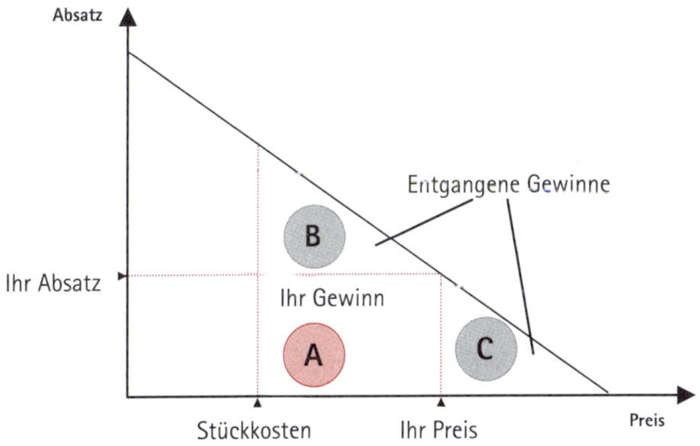


*Gewinnpotenzial*

In der Grafik wird der bei einem Einheitspreis erzielte Gewinn durch das Rechteck A beschrieben. Gewinnpotenziale in einer Größenordnung wie durch die Dreiecke B und C dargestellt, können bei einem Einheitspreis nicht verwirklicht werden. Im Dreieck B befinden sich die Kunden, die eine geringere Zahlungsbereitschaft zeigen – jedoch immer noch bereit sind, mehr als die variablen Stückkosten zu zahlen. Das Dreieck C spiegelt die Kunden mit einer Zahlungsbereitschaft oberhalb des heutigen Preises wider, die nicht abgeschöpft wird. In beiden Fällen wird Gewinn verschenkt. Nur durch Preisdifferenzierung können Sie diese Gewinnpotenziale ausschöpfen.

Das grundsätzliche Ziel der Preisdifferenzierung besteht also darin, individuelle Preisbereitschaften möglichst breit abzuschöpfen. Nur so lässt sich ein höherer Gewinn erzielen, als es zu einem Einheitspreis für alle Segmente möglich wäre.

## Die Preise nach Kundengruppen differenzieren

Kundengruppen können Sie nach verschiedenen Merkmalen einteilen. Eine Segmentierung nach demografischen Merkmalen wie Alter, Geschlecht, Haushaltsgröße etc. kann z.B. zu Seniorentarifen oder Großfamilienrabatten führen. Eine Preisdifferenzierung nach sozioökonomischen Merkmalen wie Einkommen, Beruf, Schulbildung, Branche etc. sind z.B. Sonderpreise für Auszubildende oder Studenten. Auf Basis von psychologischen Merkmalen wie z.B. Lifestyle können Sie besondere Preisstellungen veranlassen, z.B. bei Jugendmode oder In-Getränken etc.

**Beispiel:**

Beispiele für eine Preisdifferenzierung nach Kundengruppen sind die BahnCard der Deutschen Bahn oder die Unterscheidung zwischen Business- und Privattarif beim Mobilfunk.

## Die regionale Preisdifferenzierung

Regionale Preisdifferenzierung bedeutet, dass in zwei oder mehreren Gebieten bzw. Ländern für das gleiche Produkt unterschiedliche Preise bestehen. Dies ist nur dann möglich, wenn die Märkte abgeschottet sind und sich die Kunden keinen Marktüberblick verschaffen können. Ist dies nicht der Fall, besteht die Gefahr von Re-Importen. Damit haben z. B. Pharmaunternehmen und Autohersteller zu kämpfen.

## Die zeitliche Preisdifferenzierung

Hier müssen Kunden für die gleiche Leistung in Abhängigkeit der Zeit (Tages-, Wochen- oder Jahreszeit) unterschiedliche Preise bezahlen. Insbesondere bei Dienstleistungen wird die Preisdifferenzierung aufgrund von unterschiedlichen Kapazitätsauslastungen häufig angewendet. Bei Produkten ist sie schwieriger, da hier die Lagerhaltung zwischen Kauf und Konsum steht. Kunden können auf den Zeitpunkt des geringeren Preises warten, wenn das Produkt in ausreichender Menge gelagert ist. Dies ist bei Dienstleistungen nicht möglich, da Produktion und Konsum zeitlich zusammenfallen.

In der Praxis sind folgende Modelle anzutreffen:

- saisonale Preisdifferenzierung (z. B. Tourismus),
- Preisdifferenzierung nach Wochentagen (Fahrkarten, Eintrittspreise).

## Preise nutzungsbezogen differenzieren

Eine nutzungsbezogene Preisdifferenzierung ist in der Praxis nur selten anzutreffen. Diese Art der Preisdifferenzierung lässt sich nur schwer durchsetzen, da ein Unternehmen in der Regel keine Steuerungsmöglichkeit für die Nutzung besitzt. Trotzdem gibt es einige Beispiele: Strom für verschiedene Anwendungen (z.B. Fußbodenheizung), Kraftstoff für Heizungen (Heizöl) oder für Kraftfahrzeuge (Diesel).

## Nach Segmenten vorgehen

Bei der Preisdifferenzierung müssen Sie die relevanten Kundensegmente erkennen und festlegen, wie Sie die Preise differenzieren wollen. Für die einzelnen Segmente müssen Sie Kundennutzen und Preisbereitschaft ermitteln und diese auch regelmäßig überprüfen.

Damit sich auch die erhofften Effekte der unterschiedlichen Preisgestaltung einstellen, sollten Sie stets überprüfen, ob die jeweiligen Kunden bzw. Kundengruppen ihre Nachfrage auch entsprechend bündeln bzw. zusammenfassen, um so in den Genuss der Preisvorteile zu kommen. Achten Sie auch darauf, über die Preisvorteile entsprechend zu informieren und sie zu bewerben. Hier sollten Sie viel Wert darauf legen, dass die Preisunterschiede verständlich und transparent sind. Nur wenn es Ihnen gelingt, dem Kunden deutlich zu machen, welche Vorteile er durch die Preisdifferenzierung hat, wird die erhoffte Absatz- und Gewinnwirkung auch zustande kommen.

### Checkliste: Fünf Schritte bei der Preisdifferenzierung

| | | Ja |
|---|---|---|
| 1 | Sind die relevanten Kundengruppen identifiziert? | |
| 2 | Wurde die Art der Preisdifferenzierung festgelegt? | |
| 3 | Wurden der Kundennutzen und die Preisbereitschaft der identifizierten Kundengruppen ermittelt? | |
| 4 | Werden die Auswirkungen der Preisdifferenzierung auch regelmäßig überwacht? | |
| 5 | Werden die Zielgruppen über die Preisunterschiede und ihre Vorteile auch verständlich informiert, und werden die Produkte und Leistungen entsprechend beworben? | |

## Wie Sie Preise bündeln können

Falls Sie mehrere Produkte oder Dienstleistungen am Markt anbieten, können Sie überlegen, ob Sie diese getrennt mit den jeweiligen Einzelpreisen oder als Bündel beziehungsweise Paket zu einem Gesamtpreis anbieten. Die Bündelpreise liegen in aller Regel unterhalb der Summe der Einzelpreise. Dadurch kann zusätzliche Nachfrage geschaffen werden. Bündelung kann damit bedeuten, höhere Absatzmengen zu erzielen und in der Folge von einem Kostenrückgang zu profitieren. Der Kunde hat den Vorteil des geringeren Gesamtpreises gegenüber den Einzelpreisen.

Sie haben grundsätzlich zwei Gestaltungsmöglichkeiten:

- Bei der reinen Preisbündelung bietet ein Unternehmen seine Produkte ausschließlich im Bündel an. In der Praxis ist dies angebracht, wenn die Preisbereitschaft für die Einzelprodukte sehr unterschiedlich ist und mit der Bündelung Chancen genutzt werden, attraktive und weniger attraktive Produkte im Paket zu verkaufen.
- Bei der gemischten Preisbündelung bietet ein Unternehmen seine Produkte sowohl einzeln als auch im Bündel an. Dies ist in der Praxis die gängigste Form.

**Beispiel:**

Im internationalen Filmverleihgeschäft für Fernsehanstalten ist reine Preisbündelung die Regel. Ein solches Filmpaket enthält neben wenigen herausragenden Produktionen auch alte und weniger attraktive Filme.

Für gemischte Preisbündelung ist die Autowaschanlage, bei der komplette Waschprogramme oder Einzelkomponenten gewählt werden können, ein typisches Beispiel.

## Welche Konditionen können Sie stellen?

In Ihrer Preispolitik müssen Sie auch Entscheidungen treffen über Rabatte, Absatzkredite und Zahlungsbedingungen.

> Die Konditionspolitik umfasst alle Entscheidungen, die neben dem Preis Inhalt von vertraglichen Vereinbarungen über das Leistungsentgelt sein können.

## Was Sie über Rabatte wissen sollten

Rabatte sind Nachlässe auf Leistungen und Produkte und verändern den Preis für den Kunden. Sie stellen somit auch eine Form der Preisvariation dar, mit folgenden Zielen:

- Steigerung der Kundentreue,
- schnellere Auftragsabwicklung,
- Umsatzerhöhung,
- Imagebildung.

Diese Rabattmöglichkeiten haben Sie:

- **Funktionsrabatte** beziehen sich auf die Handelsstufe der belieferten Firma, also Groß- und Einzelhandel. Sie umfassen ein Entgelt für die Handelsfunktion, die der Groß- und Einzelhandel ausübt.
- **Mengenrabatte** beziehen sich auf die Abnahmemenge entweder eines einzelnen Auftrags oder einer bestimmten Periode, in der der Kunde den Umsatz tätigt.
- **Zeitrabatte** orientieren sich an dem Zeitpunkt der Bestellung oder der Abnahme der Ware, wie z.B. Vorausbestellungs- und Saisonrabatte. Ein bekanntes Beispiel ist etwa der Subskriptionspreis bei Büchern.
- **Sortimentsrabatte** geben einen Nachlass für die Führung des gesamten Sortiments bzw. der gesamten Produktlinie eines Herstellers.
- Bei **Gesamtumsatzrabatten** ist der Umsatz, den ein Kunde mit einem Unternehmen insgesamt tätigt, die Grundlage des Rabatts.

- **Treuerabatte** werden als Belohnung dauerhafter Geschäftsbeziehungen vergeben.
- **Sonderrabatte** stellen zeitlich befristete Preisnachlässe dar, wie z.B. der Einführungsrabatt.

Bei der Wahl des geeigneten Rabattsystems müssen Sie stets das absatzpolitische Ziel des Rabatts berücksichtigen. Beziehen Sie die Gewinn- und Kostenaspekte in die Entscheidung ein.

## Die Absatzkreditpolitik

Neben Rabatten haben Sie auch die Möglichkeit, Kredite zu vermitteln oder selbst zu gewähren; dadurch kann potenziellen, aber zahlungsschwachen Kunden der Kauf ermöglicht werden. Ziele solcher Absatzkredite sind:

- Gewinnung neuer Kunden,
- Erhöhung der Kaufsumme,
- Sicherung des Umsatzes.

Dabei haben Sie verschiedene Möglichkeiten:

- Je nach Kreditart können Sie zwischen Absatzgeldkredit und Absatzgüterkredit unterscheiden. Mit einem Absatzgeldkredit wird ein freier oder gebundener Geldbetrag zur Verfügung gestellt. Mit einem Absatzgüterkredit gewähren Sie Ihrem Kunden den Geldbetrag nur für ein bestimmtes geliefertes Produkt.
- Je nach Kreditdauer können Sie Absatzkredite lang- oder kurzfristig vereinbaren.

- Bei Kundenkrediten sind die Kreditnehmer die Konsumenten; ein Beispiel wäre das Teilzahlungsgeschäft.
- Bei Krediten unter Kaufleuten haben Lieferantenkredite und Valutierungen eine Bedeutung. Beim Lieferantenkredit vereinbaren Sie mit dem Abnehmer ein Zahlungsziel, bei der Valutierung wird die gelieferte Ware erst später in Rechnung gestellt.

## Liefer- und Zahlungsbedingungen

Die Lieferbedingungen sind vertraglich festgelegte Bestimmungen, die die Lieferungsverpflichtungen des Lieferanten festlegen. Es gibt einige Gesetze, die Sie bei den Liefer- und Zahlungsbedingungen unbedingt berücksichtigen sollten; die Gestaltung der Konditionen ist im BGB und im HGB geregelt. Hierzu zählen vor allem:

- das Abzahlungsgesetz (Rücktrittsgesetz bei Kaufverträgen auf Teilzahlungsbasis),
- das Gesetz der Regelung des Rechts der Allgemeinen Geschäftsbedingungen.

> Die Zahlungsbedingungen legen die vertraglichen Bestimmungen über die Zahlungsverpflichtung des Käufers und die Erfüllung durch den Käufer fest.

# Stichwortverzeichnis

# Impressum

**Bibliografische Information der Deutschen Nationalbibliothek**
Die Deutsche Nationalbibliothek verzeichnet diese Publikation in der Deutschen Nationalbibliografie; detaillierte bibliografische Daten sind im Internet über http://dnb.dnb.de abrufbar.

**Print:** ISBN: 978-3-648-05496-3 Bestell-Nr.: 00678-0007
**ePub:** ISBN: 978-3-648-05497-0 Bestell-Nr.: 00678-0101
**ePDF:** ISBN: 978-3-648-05498-7 Bestell-Nr.: 00678-0151

Prof. Dr. Regina Kalka, Dr. Andrea Mäßen
Marketing
6. Auflage 2014

Redaktionsanschrift: Fraunhoferstraße 5, 82152 Planegg/München
Telefon: (089) 895 17-0
Telefax: (089) 895 17-290
Internet: www.haufe.de
E-Mail: online@haufe.de
Redaktion: Jürgen Fischer
Redaktionsassistenz: Christine Rüber

Satz: Beltz Bad Langensalza GmbH, 99947 Bad Langensalza
Umschlag: Agentur Buttgereit & Heidenreich, 45721 Haltern am See
Druck: freiburger graphische betriebe, 79108 Freiburg

# Die Autorinnen

## Prof. Dr. Regine Kalka

war nach Stationen als Prokuristin und Unternehmensberaterin Leiterin Strategie und später Geschäftsbereichsleiterin bei der Kölnmesse, und ist heute als Professorin für Betriebswirtschaftslehre, insb. Marketing und Kommunikationswirtschaft, an der FH Düsseldorf und als Unternehmensberaterin mit den Schwerpunkten Entwicklung von Marketingstrategien und Messemanagement tätig.

## Dr. Andrea Mäßen

Studium, Promotion und Lehre sowie Forschungsprojekte im Bereich Marketing an der Universität Hamburg, ist heute Partnerin bei Simon, Kucher & Partners (www.simon-kucher.com) und berät Unternehmen bei der Entwicklung von nationalen und globalen Marketing- und Preisstrategien.

# Weitere Literatur

„Erfolgreiches Online-Marketing", von Torsten Schwarz, 244 Seiten, EUR 34,80. ISBN 978-3-448-09071-0, Bestell-Nr. 00003

„Social Media und Recht. Praxiswissen für Unternehmen", von Carsten Ulbricht, 304 Seiten, EUR 39,95.
ISBN 978-3-648-3690-7, Bestell-Nr. 07932

„Neuromarketing. Erkenntnisse der Hirnforschung für Markenführung, Werbung und Verkauf", von Hans-Georg Häusel (Hg.), 256 Seiten, EUR 29,95.
ISBN 978-3-648-02941-1, Bestell-Nr. 00068